在自然与历史中

认识天台的母亲河

NEW ECO 新生态
“童眼看湿地”自然探索丛书
新 生 态 工 作 室 主 编

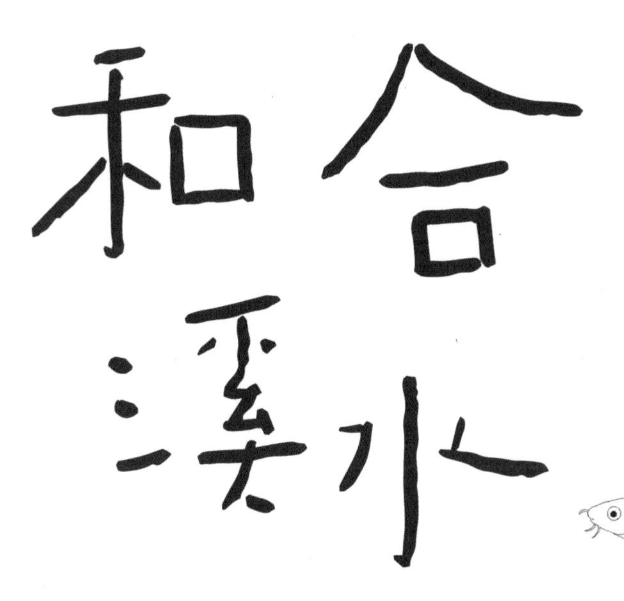

和合溪水

始丰溪湿地探索手册

始丰溪国家湿地公园
新 生 态 工 作 室
组织编写

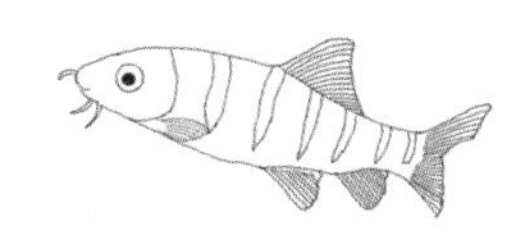

中国林業出版社
CFPH China Forestry Publishing House

图书在版编目(CIP)数据

和合溪水：始丰溪湿地探索手册 / 始丰溪国家湿地公园，新生态工作室组织编写. -- 北京：中国林业出版社，2022.11
（"童眼看湿地"自然探索丛书）
ISBN 978-7-5219-1929-5

Ⅰ. ①和… Ⅱ. ①始… ②新… Ⅲ. ①沼泽化地-天台县-青少年读物 Ⅳ. ①P942.554.78-49

中国版本图书馆 CIP 数据核字(2022)第 196214 号

顾　　问　秦高军　齐浩男　许一非
主　　编　王　原　陈晓雯
副 主 编　刘　懿　吴若宁
编　　委　刘姝莹　杨丹丹　徐　敏　何楚欣　张浩之
科学支持　吴　立　郭陶然
特邀编辑　陈　俊
撰　　文　吴若宁
插　　画　刘文婷　张月娥
装帧设计　张月娥

策划编辑　肖　静
责任编辑　肖　静　刘　煜
出版发行　中国林业出版社（北京市西城区德内大街刘海胡同 7 号 100009）
电　　话　010-83143577
印　　刷　河北京平诚乾印刷有限公司
版　　次　2022 年 11 月第 1 版
印　　次　2022 年 11 月第 1 次印刷
开　　本　787mm×1092mm　1/16
印　　张　8.5
字　　数　110 千字
定　　价　58.00 元

使用说明

1. 全书分为主线和副线：主线讲述始丰溪湿地的溪流、生物、人文故事，主线目录在第 10 页；副线通过“小知识”更深入或具体地介绍湿地资源，副线目录在第 12 页。
2. 全书参考文献在第 124 页。恕不随文出注。
3. 全书照片版权信息在第 127 页“图片索引”中呈现，感谢相关单位与专家惠允使用。

序言

湿地是全球重要生态系统之一，具有涵养水源、净化水质、维护生物多样性、蓄洪防旱、调节气候和固碳等重要的生态功能，被誉为“地球之肾”。截至2020年，我国已有64处国际重要湿地、29处国家重要湿地，建立了600余处湿地自然保护区、1600余处湿地公园，将湿地保护率提高到50%以上。

党的十八大以来，我国不断强化湿地保护，国家和省级层面累计建立了97项湿地相关制度，初步形成了湿地保护政策制度体系。第三次全国国土调查首次设立了“湿地”一级地类，湿地生态功能更加凸显，湿地保护管理体系初步建立。我国实现大陆地区国际重要湿地监测全覆盖，国际重要湿地生态状况总体稳定良好，退化湿地生态状况明显改善。2022年，国家林业和草原局湿地司副司长鲍达明在第二季度例行发布会上透露，力争到“十四五”末，我国湿地保护率提高到55%，恢复湿地100万亩[①]，营造红树林13.57万亩，修复红树林14.62万亩。

2022年6月1日，《中华人民共和国湿地保护法》(以下简称《湿地保护法》)正式施行。《湿地保护法》突出了湿地的整体性、系统性的保护，是我国第一次从生态系统角度进行立法。更加科学的定义、系统全面的制度设计和对湿地生态价值的注重，共同开启了湿地保护法治化的新征程。

① 1亩=1/15公顷。以下同。

湿地保护需要制度基础、法律保障，也需要宣传教育。为了推动国家湿地公园的科普宣教工作，早在2017年，时任国家林业局湿地保护管理中心主任的马广仁先生就主编了《国家湿地公园宣教指南》。《湿地保护法》第七条也明确指出“各级人民政府应当加强湿地保护宣传教育和科学知识普及工作”。

浙江是湿地大省，在10万多平方千米的土地上，覆盖湿地面积近2.5万平方千米，湿地占全省面积达到24.2%。浙江的湿地类型包括人工湿地、滨海湿地、河流湿地、湖泊湿地、沼泽湿地等，湿地面积比例高、类型丰富，同时浙江还具备良好的经济基础和开拓进取的精神，这无疑为湿地文化的孕育提供了得天独厚的条件。始丰溪国家湿地公园所保护的始丰溪湿地是典型的河流湿地，是浙江湿地的一隅。横贯天台盆地的始丰溪是天台县的母亲河，始丰溪湿地的故事将如何讲述？

这本《和合溪水：始丰溪湿地探索手册》推开了一扇从湿地角度认识与了解始丰溪、了解天台县的窗。天台县素有“和合之城”的美誉，又被尊为佛宗道源，还是浙东唐诗之路的终点。是怎样的溪水，孕育了和合共生的文化基因？是怎样的溪水，见证了千百年来多元文化的交流？是怎样的溪水，吟诵出一首首意蕴悠远的诗篇？这本书给出了一条又一条线索，等待着读者去探索。

解说，是打开人的第三只眼。我们期待：通过解说，让人们确确实实地受益于湿地保护的成果、享受日益良好的湿地环境；通过解说，让人们真真切切地看见湿地中丰富多样的生命；通过解说，让人们心情愉悦地欣赏到原真湿地之美。

中华大地上，大大小小的河川、溪流向东流淌，华夏儿女逐水而居、择河而栖。始丰溪湿地的故事，只是众多河流湿地精彩篇章的缩影。2022年11月，《关于特别是水禽栖息地的国际重要湿地公约》（简称《湿地公约》）第十四届缔约方大会（COP14大会）将会在中国武汉举办，我们期待这千千万万、大大小小的河流，在奔腾与汇聚中交融出最独特的中国湿地故事，向世人展示中国土地上人与湿地和合共生的景象。

中国林学会科普部部长

郭速斌

2022年9月6日

目录

小知识

波光粼粼的始丰

是始丰溪啊

溪绕青山路绕溪，山长溪曲路高低。
晴滩浅湿舟如荡，危磴棱层石作梯。

——《天台道中》［宋］谢深甫

原生态滩林

火山活动与天台盆地

“溪绕青山路绕溪，山长溪曲路高低”，在群山环绕的浙江省天台县，一条条蓝绿色的“丝带”悠悠穿梭、回环于丘陵山地间。其中，最宽阔、最醒目的那条，便是始丰溪！

每个人的心中都有一条河。这条河，或宽阔或狭窄，或浩浩汤汤或汹涌奔腾，伴随我们的生活与成长，渗透我们的血脉与记忆；这条河，是我们的

母亲河。

对于天台县的居民，这条母亲河，便是始丰溪。然而，我们真的了解始丰溪吗？它从哪里来，又将到哪里去？我们为什么将始丰溪称作母亲河？这一连串的问题，我们将在对始丰溪湿地的探索中一点点地找到答案。

看！始丰溪两侧的山峦已经在向我们“诉说”答案了……

漫步于始丰溪国家湿地公园，我们无法不被溪流两岸绿意葱茏中微露头角的裸露岩层所吸引，也无法不好奇溪流对面那块乍然突出的大石从何而来。这些在秀美而生机勃勃的始丰溪湿地中出露的坚硬，向现场的每一位访客“讲述”着这里历经亿年的地质变迁。

龙山出露岩层

大约从距今 1.35 亿年前的晚侏罗世开始，一直到晚白垩世结束，浙江东部的括苍山地区经历了长达 2400 万年的大规模火山喷发活动。火山活动加上区域构造活动，共同导致了括苍山巨型环形火山构造的形成。天台县便处于括苍山巨型环形火山构造的北部。

龙山

火山构造形成的早期阶段，滚烫的岩浆在地层深处沸腾，伺机向地球表面爬升。平坦的地面渐渐隆起，终于，“嘭——”随着一声声巨响，火山爆发了！第一次的火山活动活跃期在地面形成了一个个穹隆状的火山堆。

很快，第二轮火山爆发高潮接踵而至，这也是括苍山巨型环形火山构造形成期火山活动最强烈的阶段。猛烈的喷发作用助力大量火山碎屑物从地表喷薄而出，火山口塌陷，形成了一个个破火山。同时，以仙居火山洼地为中心的地带基底地壳拉伸，形成仙居张性地堑，并

火山爆发啦

在天台盆地所处的括苍山巨型环形火山构造经历了四次火山爆发，分布在这片区域的各种各样的火山遗迹记录了这一时期的火山活动。

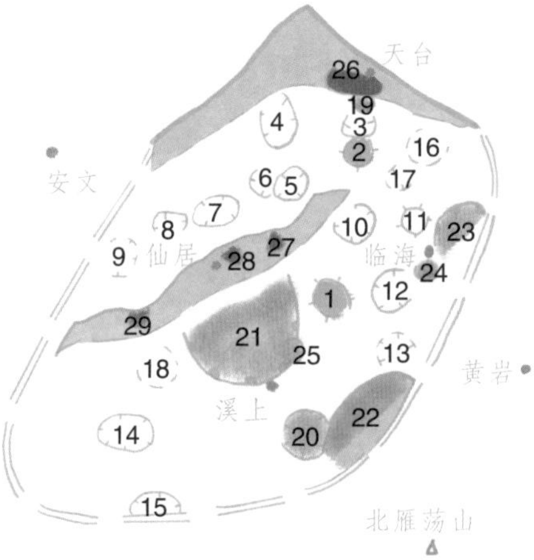

第一次火山活动活跃期

1 狭义括苍山火山喷发-侵入穹隆
2 黄坦火山喷发-侵入穹隆

第二次火山活动活跃期

3 山头郑破火山口
4 九里坪复合破火山口
5 龙泉破火山口
6 大雷山破火山口
7 水口破火山口
8 丁步头破火山口
9 高二破火山口
10 小岭破火山口
11 石岩头火山喷发-侵出穹隆
12 面长山头破火山口
13 沙依辽破火山口
14 上井破火山口
15 五尺破火山口
16 河头破火山口
17 赤庙街火山机构
18 黎冲岩火山机构

第三次火山活动活跃期

19 大岭口破火山口
20 半山破火山口
21 上张火山沉积洼地
22 宁溪火山沉积洼地
23 大田火山沉积洼地
24 临海火山机构
25 方岩背火山机构

第四次火山活动活跃期

26 塘上-鼻下许锥火山
27 白水洋破火山口
28 仙居破火山口
29 柘溪火山机构

且导致了南、北两个断块的形成。晚期的火山喷发活动主要发生在断块两侧的断陷带上。

经过这次爆发高潮后，大约过去了1100万年，休眠的火山再一次蠢蠢欲动。这个时候，已经处于火山机构形成的晚期。第三次来临的火山活动与前两次相比较弱，分布也比较零星，主要形成了火山沉积洼地，也有破火山口。第四次火山活动规模也比较小，以中心式喷发为主，形成了锥火山和小型破火山口。

天台盆地正是受这一时期火山活动影响形成的断陷盆地，而伫立

各种各样的火山

破火山是大量火山物质快速喷出后，造成岩浆房腾空，使火山口发生大规模塌陷而形成的。

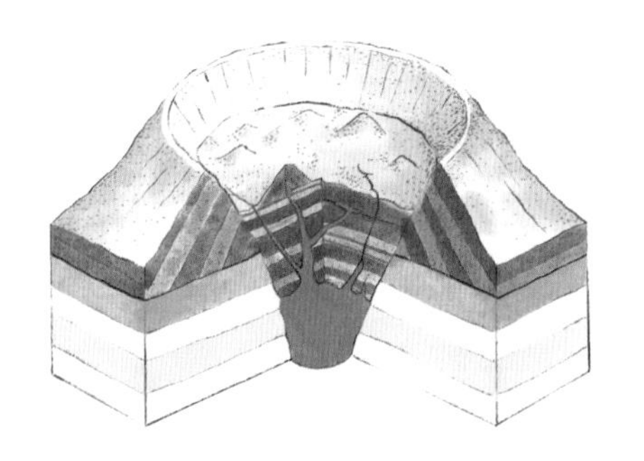

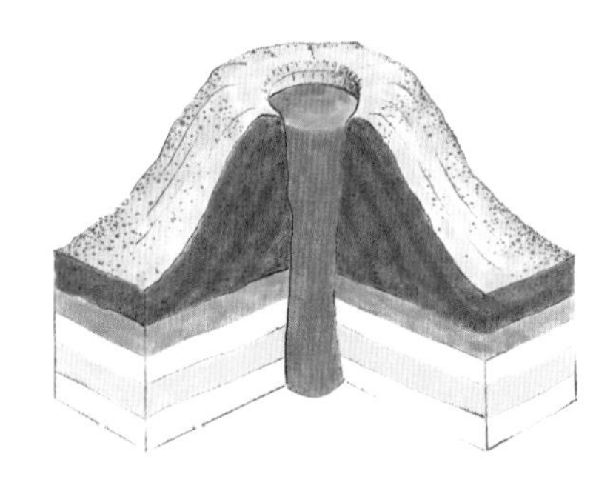

火山穹隆是由高黏度熔岩堵塞火山口而形成的穹隆状火山锥。它是早期火山爆发后，后期岩浆沿着原来的喷发中心上侵而形成的。

锥火山是火山活动为中心式喷发、并保持了原始锥状外貌的一种火山构造。龙山便属于浙江省重要的地质遗迹——塘上-鼻下许锥火山。

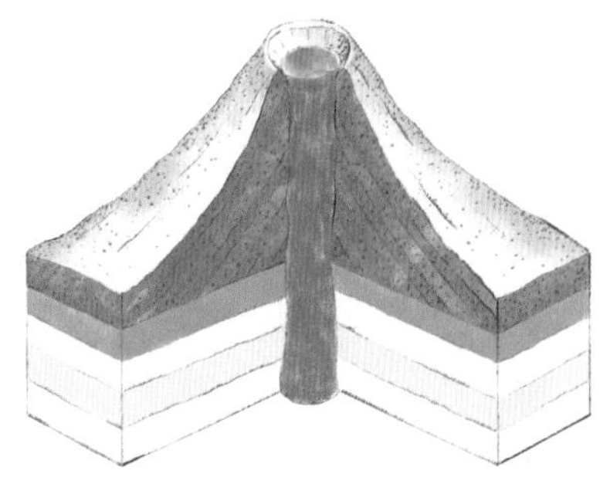

在湿地公园两侧的黄坦火山喷发–侵入穹隆、山头郑破火山口、大岭口破火山口、塘上–鼻下许锥火山便依次记录了火山构造不同时期的活动。

天台盆地发育早期，火山群进入间歇期。在肥沃的土壤与适宜的气候滋养下，古老的植物生长、蔓延。林深木茂的天台盆地成为远古生物——恐龙的乐园，它们在这里繁衍和生息。

1958 年，在天台县发现了第一枚恐龙蛋化石。其后，又陆陆续续找到 44 处恐龙蛋化石出土点，其中一处出土了5000 余枚恐龙蛋化石！天台盆地的恐龙化石分布范围广、埋藏数量大，真是让世人惊叹！并且，在大量的恐龙蛋之外，还发现了骨化石。你是否已经开始想象各种各样的恐龙在天台盆地上嬉戏玩耍的景象？

到盆地发育中期，自然环境逐渐发生变化。火山进入复活阶段，大量的火山喷发将有害物质扩散至大气。加上气候变暖，环境

已经不适合植物的生存。到盆地晚期，火山仍然活跃，全球范围骤冷，生物大规模绝灭。天台盆地内的动植物也面临着严峻的考验，曾经盛极一时的恐龙家族从此销声匿迹。

活跃的火山活动虽然遥远，但近在眼前的火山遗迹却可以将我们带向历史长河的那一端。遥望森森茂林中裸露出的岩层，手抚粗糙的火成岩，我们仿佛能感受到岩浆喷薄而出的力量。在那个生机勃勃的白垩纪恐龙时代，岩石曾经见证了一切。

火山爆发的证据

河漫滩上的火成岩

火成岩是岩浆或熔岩冷却和凝固后形成的一种岩石。由于天台县在很久很久以前的火山活动，我们今天能很容易地在湿地公园遇见各种各样的火成岩，包括凝灰岩、玄武岩、花岗岩类侵入体和流纹岩等。

溪水浸润的始丰之地

地壳运动塑造了山地、平原与断裂，赋予了天台以骨架；流水则通过侵蚀、搬运、堆积来细细勾勒这片土地的神采，恰如灵秀山水画面中的赋色点染。

天台盆地的南部受衢州–天台断裂控制，断裂形成的沟谷接纳了雨水，并在日复一日、年复一年的流水作用下塑造溪流的形状。带状的

水从哪里来

始丰溪在天台县境内长 68.5 千米，流域面积 1111.54 平方千米。这条溪流从春天到冬季，一年四季未曾停歇，它的水都是从哪里来的呢？

通常，河流补给有雨水、冰雪融水、湖水、沼泽水和地下水等多种形式。始丰溪的水源补给以雨水为主。因此，每年春季，伴随着降水天气的来临，溪水逐渐上涨；而在梅雨和台风暴雨时节，溪流的水量更是大增，甚至可能漫溢到堤岸上来！

始丰溪水系

流水不断汇聚两岸匆匆涌来的支流，最终成为“大溪”。被称为“大溪”的始丰溪河床平坦开阔、水流平缓，河道的平均宽度达到 239 米！而全长约 132.7 千米的始丰溪在天台县境内蜿蜒曲折地蔓延了 68.5 千米。

始丰溪发源于浙江金华磐安县的大盘山，溪流经过地势高峻、地形复杂的山地，水流迅急，日夜不息地冲刷、侵蚀着两岸的山体。两岸陡峭的石壁有时几乎达到垂直的角度，强劲的水流将上游偌大的石头带走。大石在基岩河床中翻滚，击打着坚硬河床的同时，也承受着来自河床的磨蚀。在河流的上游地区，有赖于湍急的水流，河道常常被流水侵蚀为小沟或峡谷。始丰溪在经过磐安县的大盘镇、方前镇后，从天台县街头镇的里石门水库进入天台盆地。

溪流进入天台盆地后，伴随相对平缓的地势，水流的速度慢了下来，沉重的岩石在这里沉积，堆积在河道上。去看看河漫滩上的鹅卵石，那是始丰溪留下的“礼物”。由于水流

谁塑造了溪流

崔岙溪河口的一侧

河道在地势相对平坦的区域，常常向两侧侵蚀，使河道逐渐变宽。

鹅卵石河漫滩

在搬运的过程中，岩石的棱角被磨蚀，逐渐变成椭圆形，这便是我们在河漫滩上常见的鹅卵石！

泥沙堆积形成的洲渚

在河道地势平缓、流速变缓、水量减少和泥沙增多的时候，流水的搬运能力下降，便会产生堆积作用。

流水作用总是以侵蚀、搬运和堆积三种方式进行，并形成相应的河流地貌。在一段河流中，这三种作用同时进行。

的速度变缓，河流的磨蚀力量也减弱，河流两岸相对平缓，河谷也显得宽阔了许多。始丰溪两岸大大小小的支流在河谷盆地汇聚，搭建起大溪与每一寸土壤的连接。

雨季的河谷盆地水网交错、溪流纵横。当雨季过去，河水退去，露出大片的河漫滩，潺潺的溪水自由流淌，年复一年，形成了今日始丰溪主流、支流、河弯、河口、急流、浅滩、江心洲等丰富的地貌。水，带来了生命与生机，带来了始丰之地。

当始丰溪流过福溪，便向南折去，又经过一番山谷间的奔腾，作为一级支流汇入灵江。这便是始丰溪一百多千米的汩汩奔腾。而始丰溪水流经过的地方，冲刷出丰饶的河谷平原，吸引着人们开垦、定居，引导着人们顺水而下，交通往来。

鹅卵石的形成

被溪水从上游带走的棱角分明的岩石，在跟随着溪水旅行的过程中，会不断地经受两岸的撞击、其他岩石和沙粒的磕碰、流水的冲刷等，于是棱角逐渐被磨蚀，形体逐渐变圆润。一颗颗光滑的鹅卵石就这样被塑造，并被溪水带到中下游“放下”。

江源之青

到台十二旬，一片雨中春。
林果黄梅尽，山苗半夏新。

——《天台晴望》［唐］李敬方

始丰溪上游

天台山文化

地壳运动和流水在时间中塑造了山河，山河则孕育了丰富多样的生命与文化。

华夏大陆的东海之滨，山峦与丘陵此起彼伏，河川与溪流蜿蜒曲折，云雾与水汽弥漫缭绕。晋朝时，天象星宿之学繁盛，天台山所处的位置刚好与天上的三台星宿对应，因此而得名“天台山”。从名字便可知，在古人的心目中，天台山是天上的星宿佑护之地，是“神仙”居住的地方。东晋的文学家孙绰在其《游天台山赋》中是如此描述的：“夫其峻极之状、嘉祥之美，穷山海之瑰富，尽人神之壮丽矣。”

因为被认为有桐柏真人佑护，加上独特的地理环境孕育的各种各样的灵芝仙草，天台山一直是人们向往的仙山。到唐代，因为这座山，这片土地也被赋予了“天台”之名；而贯穿此地的大溪，时至今日仍被冠以古老的“始丰”之名。这片土地，以其独特的山川哺育着子民、吸引着英杰，在历史的涤荡中交汇出独特的文化。

东汉末年，太常高察来到天台山龙皇堂，伴竹而居，聆泉耕读。400 多年后，南朝吴郡盐官顾欢在楢溪开书馆授学，成为天台教育的启蒙者。两晋以来，大批北方士族南迁天台。在一代又一代的学者传承下，天台县形成了尊师重教的氛围，无论是名门望族，还是平常百

峰峦起伏的天台山

姓，都对他们的后辈寄予了期望。去看看那些孔庙和书院吧，那里有先辈们悉听教诲的身影。

归隐的儒者带来了教化，寻道修仙的高士则为山川及生灵赋予了别样的意义。三国时期，高道葛玄来到桐柏山修道，孙权为其建造桐

有宗教的地方

桐柏宫

桐柏宫位于天台县城西北的桐柏山上，原名桐柏观、桐柏崇道观，是中国道教南宗祖庭。

三国时，高道葛玄曾受吴主孙权之命在这里建法轮院；唐代，睿宗下诏在法轮院墟址上建桐柏观；五代，桐柏观升格为宫；宋时改名桐柏崇道观。北宋时，天台人张伯端在此著《悟真篇》，创道教南宗紫阳派，后世尊其为道教南宗始祖，桐柏观遂为中国道教南宗祖庭。唐宋以来有诸多名家曾游历、题咏于此；朱熹、陆游曾挂衔领管此观。

国清寺

国清寺位于天台县城北天台山麓。

隋代高僧智顗[1]大师在天台山创立天台宗，后人按照其遗意建造寺庙。寺庙初名天台寺，后取“寺若成，国即清”之意，改名为国清寺。作为中国佛教宗派天台宗的发源地，国清寺影响极其深远。鉴真东渡前曾来朝拜；日本僧人最澄在天台山跟随道邃学法，并在回到日本后于比叡山创立日本天台宗，后来尊称国清寺为祖庭。现存建筑为清代雍正十二年（公元 1734 年）时奉敕重修。

① “智顗”的写法来自《唐风遗韵：浙东唐诗之路目的地的天台山史料辑存》(徐永恩，2021)。

柏观（现桐柏宫），自此道教在天台山不断繁衍生息。唐代，道教上清派茅山宗第十二代传人司马承祯隐居天台山，创立了“天台仙派”。宋代，天台张伯端融汇三教，修炼内丹，著《悟真篇》，开创南宗，桐柏宫于是成为道教南宗的祖庭。当时宫外九峰三十六宫七十二道院，天

松隐居

松隐居位于距天台县城约七千米的龙山西南阜。

据传，松隐居始建于隋朝。当年智顗大师来到天台山，见此地风景别致，有两石柱，便称之为“天堂”，并隐居于此，所建寺庙从此被称为松隐居。

原来的松隐居很小。到明朝时，寺庙规模可观，却在清代咸丰年间遭遇火灾，付之一炬，于同治年间得到重建。松隐居的殿门和前殿都已经倒塌，但是基址尚存，可以想见它的殿宇确实不小。现存正殿两三间，两旁厢房各三间，房舍大约是民国年间修缮的。

慈恩寺

慈恩寺位于天台山南脉龙口处的白云山上。

慈恩寺依洞而筑，俗称岩庵，始建年代不详，却历来都是梵僧清修、隐悟的地方。隋开皇十七年(公元 597 年)，智顗大师的护法伽蓝在此显瑞，距今也已有 1410 多年。相传，康熙皇帝也曾在这里短暂停留，对此地甚是向往，下令台州知府绘制天台山全图，寻觅梦境之地，还御赐龙袍陈列在洞中。

台山道教得到空前发展，史称“千僧万道”之盛。

天台山不仅吸引着道士高人，高僧大德也纷至沓来。三国时期，即有僧人结庐修炼。东晋时期，高僧昙猷来到天台山，支昙兰、普耀等高僧也相继入山。陈、隋之际，智顗大师来到天台山，融合儒道文化创立天台宗，完成了佛教中国化。

同样在唐代，另一位隐士正在绵绵阴雨中穿过始丰溪向天台山赶来，这便是寒山，他正要去国清寺会一会老朋友拾得。寒山和拾得的友谊与诗篇在天台流传，在世界吟诵，他们所体现的和合精神，让人欣赏与思考。《古尊宿语录》中有一段寒山和拾得的对话，能让我们一窥他们的思想。寒山问：“世间有人谤我、欺我、辱我、笑我、轻我、贱我、恶我、骗我，如何处治乎？”拾得回答：“只是忍他、让他、由他、避他、耐他、敬他、不要理他、再待几年，你且看他。”

以天台宗为代表的佛教文化、以南宗为代表的道教文化和以理学为代表的儒家文化以及民间文化共同汇聚为以山水为依托、以宗教文化为特色的天台山文化。这样的文化润物细无声地渗透、影响着天台人的日常生活。“佛宗道源”“和合之城”，这些称谓不仅是历史的印记，还是天台人认识世界、了解自然、为人处事的方式与态度。正是这些文化印记，让始丰溪的水更加潋滟动人。

诗歌中的自然

“神秀”[①]的天台山水吸引着高僧大德、文人墨客争相到访，秀美的山川牵动着寻仙访道之人的情思。在国家统一、经济繁荣、交通便利的唐代，诗人们纷纷循水路南下，在山川钟秀的浙东留下脍炙人口

琼台仙谷

① “神秀”出自东晋孙绰《游天台山赋》：“天台山者，盖山岳之神秀者也。”

的诗句，而《全唐诗》中诗题或内容涉及天台山的更是超过百首。诗歌，作为浙东唐诗之路的目的地，是不是也是了解始丰之地的另一个窗口呢？

“溪绕青山路绕溪，山长溪曲路高低。”谢深甫在《天台道中》中的描述，将天台山水相依、连绵起伏的风貌生动地呈现出来。而从李敬方在《天台晴望》中“到台十二旬，一片雨中春”的描述，我们知道，天台的雨水天气一直在持续。这里的风物也是如此迷人：“暖眠鸂鶒晴滩草，高挂猕猴暮涧松。”云淡风轻中，溪流的滩地草丛间，鸳鸯惬意地合眼小憩；日落时分的溪涧半空，调皮的猕猴倒悬在苍劲的松树上。

诗人们将对自然的观察和欣赏融入抒怀或遣兴中，描述真切，从

诗中寻自然

南烛

天台山汇集了各种各样的灵丹妙草，其中之一是琪树。琪树是什么呢？有一种说法便指向南烛，即乌饭树。南烛不仅被修行者所青睐，也成为平常百姓熟悉的日常——人们用南烛的叶子浸渍大米，蒸煮做成乌饭。唐代诗人许浑有诗句云：“琪树风枕簟秋，楚云湘水忆同游。”

云锦杜鹃

我国关于杜鹃的记载，最早见于汉代《神农本草经》。到唐代时，已经出现了观赏型的杜鹃。诗人白居易留下了许多与杜鹃有关的故事和诗词，“一丛千朵压阑干，剪碎红绡却作团”描述了杜鹃花盛放时的璀璨景象。

中不难看出他们对即景之物的感受。这种日常中的观察让我们觉得亲近而舒心，而“诗仙”李白则在张扬的诗句中将天台山水的气势拉到了极致。

“云垂大鹏翻，波动巨鳌没。”李白第一次登临华顶，就将其云海翻腾、奔涌消长的壮景在诗句中描述得淋漓尽致。“龙楼凤阙不肯住，飞腾直欲天台去”将琼台与龙楼凤阙相比，从另一个角度显示出李白对琼台的喜爱。这两首诗在对景物的描述中都极尽才华，却最终落笔于困顿的现状——诗人当然不甘于御用文人的生活，他的心中还有大把抱负急于施展。诗歌便是有这样的能力与魅力，将整个人生与志气裹藏于字里行间。

诗歌的世界是无穷的，诗歌中的自然有花木鸟兽，亦有人生，更

天台山云雾茶

天台盆地独特的小气候为茶的生长提供了得天独厚的条件，而在天台山修行或往来于此的方士、高僧或文人，则为这里的茶加持了独特性。宋代的宋祁在《答天台梵才吉公寄茶并长句》中将之比作“佛天甘露”“帝辇仙浆”。

有万物造化。无论是高道还是僧人，修行者们或从自然中领悟，或将修行所得藏于自然之中，其间尽是智慧。

寒山在始丰溪上游的寒岩隐居七十余年，以山水为伴，禽兽为伍，他将山川草木或思行感悟赋予诗歌。读寒山的诗，常常有一种在感受平实自然之趣的过程中被某种智慧突然击中之感。

“杳杳寒山道，落落冷涧滨。啾啾常有鸟，寂寂更无人。淅淅风吹面，纷纷雪积身。朝朝不见日，岁岁不知春。”这首寒山的律诗以浅显的语言描绘幽远的小径、落落的水流、冷寂的空山、凛冽的风雪，有山、有水、有人，有静寂、有声音、有动态，一幅幽深与荒僻的山林景致跃然而出。这一切，已经给了读者无限的想象。然而在最后一句，诗人笔锋一转——“朝朝不见日，岁岁不知春”，将其超然物外的冷淡心情和盘托出。

无论是天台的修行者、旅者，还是生活在这里的居民，都书写着属于这里的诗句。在诗歌中，纷呈的思想托于山川、汇于词藻。在流传千年的诗歌中，我们看到了“神秀”、苍莽的生机之地，领略着古人在山川风物中领悟的自然哲思，感受到不同智慧融于一地的和合。

叁 去溪流边

满州梨雪照斜曛，野水交流路不分。
隔岸一声牛背笛，和风吹落渡头云。

——《天台道中》［宋］释惠崇

芦堤望鹭
双溪汇流
溪流地貌

G104
天台山站
曲径幽林
野鹤芳汀
湿地宣教
古桥掠影
和合传家
来到
始丰溪国家湿地公园！

河流湿地之旅

始丰溪是每一位天台人最熟悉的那条溪流。

春天来临的时候，各种各样的绿色从溪流及两侧的各个角落冒出来，将生机缀满大地：树儿绿了，花儿开了，燕子也来了。

当夏天到来时，溪流边的鹅卵石河漫滩便成为孩子们嬉戏玩耍的乐园：翻螃蟹、捉小鱼、打水漂、找油奏……溪流边实在是太好玩了！

成为国家湿地公园

1949 年后

建设防洪堤

为了防止洪水对村庄的侵扰，中华人民共和国成立以后，天台县积极修筑防洪堤，包括水南防洪堤、龙山玉湖防洪堤、城关防洪堤等。

季节性洪水是机遇，也是挑战。

1978 年

里石门水库

里石门水库是为了根治始丰溪两岸大片农田严重洪旱灾害和开发水资源兴建的大型水利骨干工程，是一座以防洪、灌溉为主，结合发电、供水、养鱼、旅游等综合利用的大型水库。

水库是身边的防洪设施与水源地。

时光匆匆流过，天空飞来一排又一排大鸟，那是候鸟啊！秋天来了！这时候，恰逢蜜橘成熟，一个人兜上几个，坐在溪流边的岩石上发呆是那么惬意。

冬天，溪流两岸的枫杨树叶都落光了，溪水渐渐退去，这时候的始丰溪，萧条中透着肃穆……

每个人的心中都有这么一条熟悉的溪川，以及溪川所承载的情感与记忆。但是，伴随着社会的变迁与发展，一条又一条与人类生活息息相关的溪川失去了它们本来的面貌。而今天，我们能在始丰溪看见自然的溪川本该呈现的样貌：这里，有自由流淌的溪水，有汩汩流水、郁郁洲渚，有鸢飞鱼跃、蛙鸣蝉噪；这里，一派生机。

这片生机，独属于始丰溪及其两岸滩林构成的始丰溪湿地。也许你已经意识到，始丰溪的灵秀，不仅仅来自那一带碧绿的秀水，还源于依赖这流水所生存的各种各样的生灵。在始丰溪湿地中，溪流、生灵与人，共同绘就了一幅和合共生的画卷。

2019 年，浙江天台县始丰溪国家湿地公园通过国家林业和草原局的试点验收，正式成为“国家湿地公园”。这是对始丰溪湿地作为典型的河流湿地所具有的独特湿地资源的肯定。那么，始丰溪湿地到底有什么独特之处呢？当我们钦叹始丰溪湿地多么美好的时候，我们到底在感叹什么？接下来，就让我们一起整理好行装，开启对始丰溪湿地的探索吧！

始丰湖公园

围绕溪流的水域治理、设施建设、绿道修筑等，让重现旖旎风光的始丰湖南北岸成为天台县的“城市客厅”。溪流两岸丰茂的滩林既是居民与旅客游览的胜地，也发挥着重要的生态功能。

滩林是大自然设计的防洪带。

国家湿地公园

始丰溪千百年来滋养着生活在溪流及两岸的生命，为天台人的生存与生活提供必需的水源、食物等物质条件，也孕育着丰富多彩的湿地文化。建设国家湿地公园，正是为了更好地守护始丰溪湿地。

一起守护天台人的母亲河吧！

探访指南

在这里，你能与典型的河流湿地及栖息其中的生命相遇。这里有宽阔的溪流、原真的森林、传统的村庄，还有与天台县相伴千年沉淀而成的和合文化。我们在湿地公园长达约十千米的溪流沿线，精选了三条主题探访线路。沿着它们，去探索始丰溪湿地吧！

1. 大溪风光

徜徉大溪风光　自然与人文之行

步行里程：约 2 千米

步行难度：☐ 一般　☑ 较难　☐ 困难

适宜人群：日常休闲　家庭出行

推荐指数：★★★★★

始丰溪湿地是典型的河流湿地，从和合广场开始游览，你可以饱览与天台县城交相辉映的大溪风光，穿过负氧离子弥漫的茂密樟树林，漫步于悠长的芦竹长堤。沿途多样的桥梁、唐诗之路的展示，更增添了独具特色的人文体验。

2. 滩林探秘

穿行绿色滩林　探秘生物多样性

步行里程：约 1 千米

步行难度：☑ 一般　☐ 较难　☐ 困难

适宜人群：家庭出行　湿地探索

推荐指数：★★★★★

在始丰湖北岸保留着一片面积很大的天然森林，枫杨、马尾松、香樟生长其中，为多样的生命提供了栖息地。沿着木栈道，穿行于绿色森林中，识别不同的植物，听闻多样的鸟鸣，了解它们在始丰溪岸的故事，探索滩林的生命秘密。

3. 湿地博物

漫步始丰溪沿岸　开启湿地博物之旅

步行里程：约 1 千米

步行难度：☑ 一般　☐ 较难　☐ 困难

适宜人群：家庭出行　湿地探索

推荐指数：★★★★☆

天台自古以来就有着深厚的博物学传统。这里是《徐霞客游记》的开篇之地；天台人陈景沂写下了“世界上最早的植物学辞典”《全芳备祖》；唐代以来，文人墨客随河溪而来，留下诸多描述地方风物的诗词。

从始丰溪湿地科普馆开始你的博物之旅吧！

出发吧

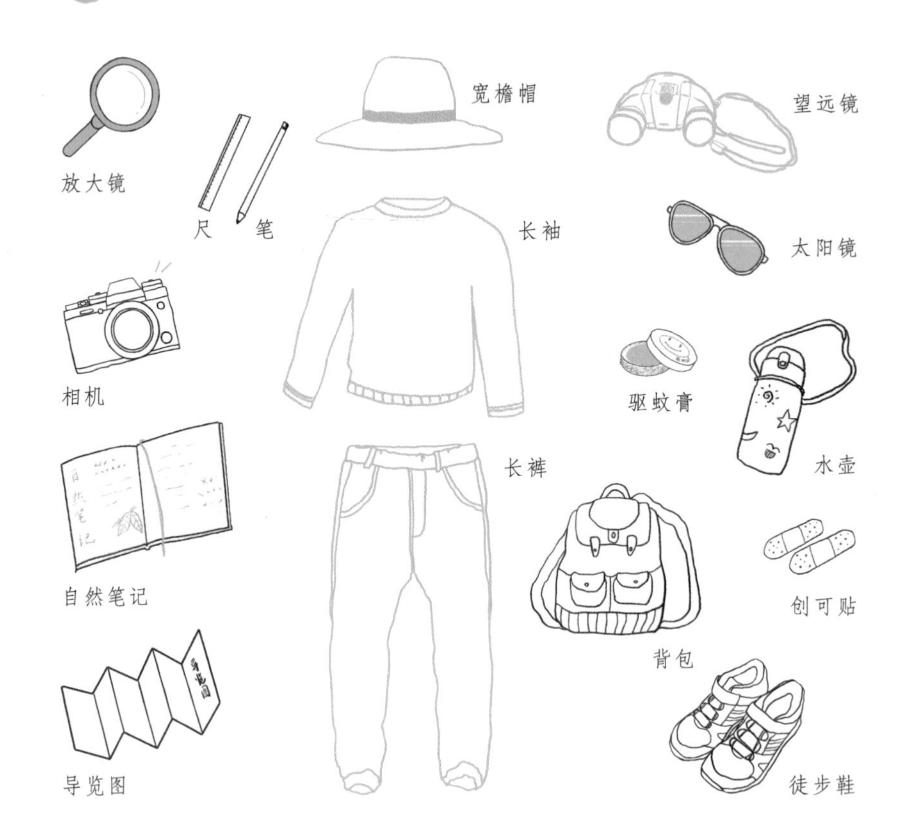

肆

水中的世界

清溪溪水杳然清，溪畔晓晓荻数茎。
恰有孤鸿云外叫，可堪骚客月中行。

——《台岳天台山游记》［宋］齐国华

碧绿的溪水

水生植物大家庭

始丰溪是典型的山溪性河流，汩汩的流水带着石砾从丘陵、山地奔腾而来，终于在平坦、开阔的河谷盆地上缓下劲儿。自由流淌的溪水伴随着起伏

溪滩上的芦竹

芦竹又叫芦荻竹，是一种多年生草本植物。生存能力极强的它能克服困难，在贫瘠的溪滩上落下脚来，并且不断扩张。芦竹强壮的地下茎纵横交错地分布在土壤中，地下茎的每一节都生有芽和不定根。当芽钻出地面时，芦竹便拓宽了其领地。而其他留在地下的侧芽也将继续伸长。如此的繁殖方式，让芦竹迅速地繁殖，并且依靠强大的根系固着能力，丝毫不畏惧流水的冲刷。

的地形此起彼落、忽上忽下、或缓或急。溪水滋润了土地，孕育了生命，各种各样的水生植物和溪流一起律动！

开阔的浅滩上，流动的溪水在阳光下闪烁出粼粼的波光，丛生的芦竹迎着骄阳招摇摆动。这一丛丛的绿色，在开阔的溪面撑起一片又

了不起的水生植物

生活在水中的植物必然拥有一些独特的本领，更何况还是在流动的溪水中！

芦竹

Arundo donax

芦竹、芦苇等挺水植物非常适应溪流的水文变化，它们不仅可以通过伸长茎、叶、节等来获得更多的光照和氧气，还具有抓地能力极强的根系，帮助它们稳稳地占据领地。

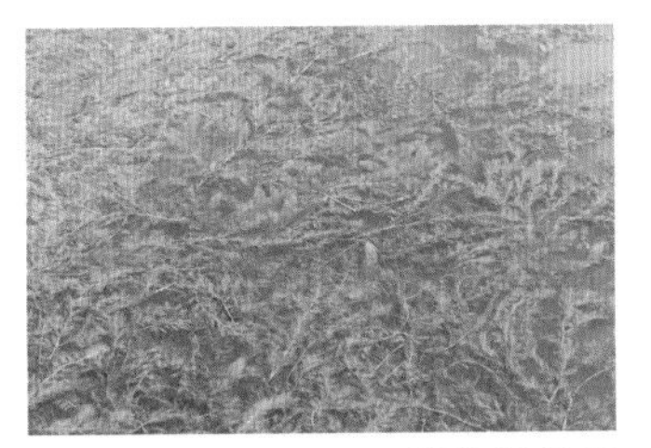

穗状狐尾藻

Myriophyllum spicatum

穗状狐尾藻、金鱼藻、轮叶黑藻等沉水植物长期全株生活在溪流底部，丝状或狭长的叶片能够最大限度地增加其与水体的接触面积、获取光照、吸收光合作用所需要的二氧化碳。

野菱

Trapa incisa var. *quadricaudata*

浮叶植物野菱的叶柄有长纺锤形或披针形的海绵质气囊，可以帮助叶片漂浮在水面上。浮水叶像几何图形般形成一个个大大小小的菱盘，最大限度地在水面平铺开。

浮萍

Lemna minor

浮萍、紫萍等漂浮植物没有固着在泥土中的根系，因而具备“随波逐流”的能力。它们能够通过分生新芽胞的方式进行繁殖。

一片阴凉。

芦竹是始丰溪溪滩上最常见的植物之一，无论是古代还是今天，充沛的水源和空旷的滩地为这种生命力强劲的湿生植物提供了尽情挥洒的舞台。早在宋元时期，天台人就已经记录始丰溪畔芦荻丛生的景象，元代诗人曹文晦吟咏出“清溪溪口荻花秋，底事年年伴白鸥”的诗句，让我们在几百年后仍然能想象出诗人当时所见的芦荻胜景。

溪边是招摇的芦竹，清澈的溪流底部当然也是热闹的：竹叶眼子菜、轮叶黑藻、密刺苦草、穗状狐尾藻和金鱼藻等在流水的带动下摆动着身体，就像踩着音乐的节奏跳舞。生活在溪流底部的水生植物往往有着柔软的叶片，而且这些叶片大多是线形、针形，或者丝状的，这样的形态能够减少水流对它们的冲击作用，更有利于它们在流水中生长。

溪水是流动的，流动的水带来的是变化，变化塑造着丰富的生境。除了溪流主干的溪岸或水底，沿岸的水田沼泽也为水车前、鸭舌草等提供了栖息的环境，而江心洲上的洼地中，黄花水龙、细果野菱、浮萍则呈现出另一般水生植物的生命乐章。

黄花水龙常见于河川水域边的浅水区或洼地，它们常常成片地覆盖在水面，像是为平静的溪面搭上了一块翠绿的披肩。每到春末夏初，这块披肩将点缀上星星点点的黄色花朵。黄花水龙作为天台的本土植物，不仅具有美丽的外表，还有强大的净化水质的作用，真是不得不让人喜爱。

流动的溪水孕育着丰富的水生植物，各种植物在这片湿地中都找到了适合自己生存的环境，共同为溪流生境酝酿着更多可能性……

鱼儿生活在溪流

早在一千多年前，智顗大师便在始丰溪畔赎买鱼簄、宣扬放生，使始丰溪“永作放生之池；变此鱼梁，翻成法流之水”。在今天老一辈的记忆中，始丰溪上鸬鹚捕鱼的景象还历历在目。可见，溪流中的鱼一直以各种各样的形式或文化形象出现在天台人的生活与记忆中。

始丰溪被称作“溪”，却有着宽阔的河道。蜿蜒曲折的溪流中既有急流浅滩，又有静水深潭，还有宽阔的湖泊。丰茂的水生植物不仅通

鱼，生活在水中

生活在水中的鱼儿，在长期的进化过程中形成了与水域生活相适应的各种各样的特点。

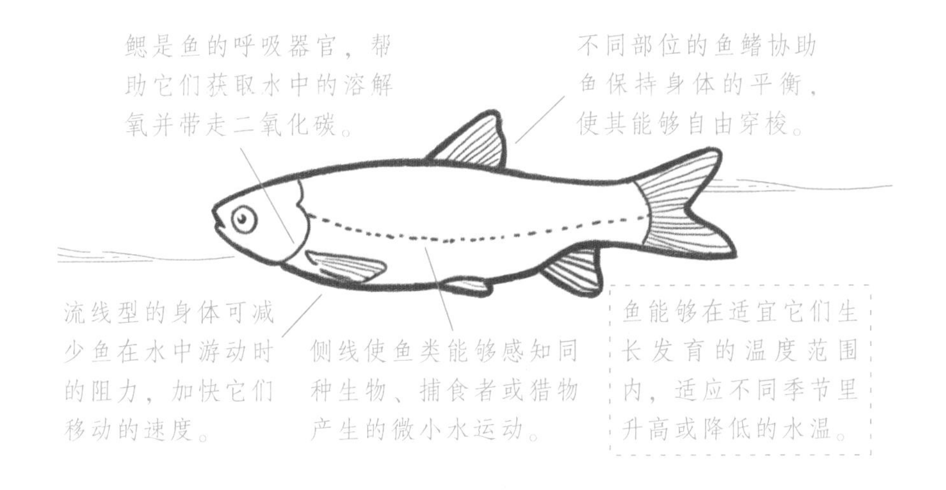

过光合作用增加水中的溶氧量，补给鱼儿的生存需求；同时，它们还是草食性鱼类的食物！当遇到突发的危险时，密密麻麻的丛株是鱼儿们的避难所；当阳光太过强烈时，这里便成为遮阴地；当鱼儿的繁殖期到来时，它们便成为产卵所。水生植物，为鱼儿的生存提供了太多

溪流鱼类大不同

一年四季不息流淌的溪水中，溪流底部及溪滩上铺满了大大小小的鹅卵石，生活在这里的鱼儿自然具备与环境紧密相连的本领。大家快来看看鱼儿们有什么特别的地方！

光唇鱼

Acrossocheilus fasciatus

光唇鱼灰褐色的身体两侧分布着 6 条纵带、1 条横带。它们喜欢生活在水质清澈、底部铺满石砾的溪流中，厚实而发达的嘴唇有利于铲食附着在石头上的苔藓、藻类和有机碎屑。同时，光唇鱼也善于捕食各种水生无脊椎动物。

浙江花鳅

Cobitis zhejiangensis

浙江花鳅浅黄色的身体两侧沿中轴排列着 11~15 个黑褐色大斑块，尾鳍基上角有 1 个大黑斑。它们多生活在溪流边浅水处的石砾间。每年的 4~6 月，当雨水过后、水流适中的时候，成鱼的亲鱼从石砾间钻出来，绕着石块打转，进行繁殖。

原缨口鳅

Vanmanenia stenosoma

原缨口鳅体色和栖息环境的卵石颜色很像，头部和身体表面是虫蚀状斑纹或斑块。它们生活在水流湍急、底部是石砾的溪流中，平展的胸鳍、腹鳍可以吸附在石块上，抵挡水流的冲击。它们以刮食石头上的藻类为生。

的帮助与可能性。

在始丰溪湿地，生活着50多种鱼类：它们有的钟爱水流较快、溶氧量高的急流浅滩和支流山溪，有的更喜欢水流宽阔且相对平静的河道。鱼儿们根据自己的喜好在始丰溪中选择自己所喜欢的家。

河川沙塘鳢
Odontobutis potamophila

河川沙塘鳢的身体带着微微的黄色，还有不规则的大块黑色斑纹；头部大而宽阔，稍扁平，有两个各自分离的背鳍。它们生活在泥沙杂草和碎石混杂的浅水区，游泳能力弱，是以鱼虾和水生昆虫为主食的肉食性鱼类。雄鱼有守巢护卵的习性，常常被称作“好爸爸”。

黑吻虾虎鱼
Rhinogobius niger

黑吻虾虎鱼黄褐色的身体布满红棕色的斑点，雄鱼的第一背鳍前部有一个非常漂亮的荧光蓝色斑点。它们生活在干流的急流浅滩处。黑吻虾虎鱼靠特化的圆盘状腹鳍吸附在石头上，行动敏捷的它们常潜伏在砾石的缝隙间，伺机捕食小型生物。

长鳍马口鱼
Opsariichthys evolans

长鳍马口鱼身体长而侧扁，体侧有浅蓝色垂直条纹，胸鳍、腹鳍和臀鳍橙黄色。它们生活在干流水流比较湍急的地方，常常和马口鱼等上层鱼类混群生活。雄鱼在繁殖期会换上“婚装”：头部、吻部和臀鳍将呈现靓丽的珠星，臀鳍第一至第四根分枝鳍条特别延长，非常漂亮！

干流和主要支流的上游位于丘陵山地，地势陡峭，河道又比较狭窄，溪水像是赶着趟儿似的直往前赶。原缨口鳅就喜欢这样湍急的水流：为了不被急流冲走，它们的腹鳍进化成了吸盘状，能够牢牢地贴住水底的溪石。当溪流进入相对平缓的盆地内部，水流渐渐平缓，马口鱼、宽鳍鱲、黑吻虾虎鱼便在这里栖息。当水的速度越来越缓慢，河道也越来越宽阔时，这里便成为草鱼、鲢鱼、鳙鱼等最安心的栖息所。

不同的鱼儿有着各种各样的生活习性。洄游进入始丰溪生活的鳗鲡常常栖居在石缝里、水底的草丛中；凶猛的斑鳜会藏在石块、树根或繁茂的植株中，伺机捕捉小鱼虾；河川沙塘鳢生活在河沟近岸多水草、瓦砾、石隙、泥沙的底层。有光唇鱼、青鳉、扁尾薄鳅等生活的水域，它的水质一定很不错！

各种各样且习性不同的鱼儿们共同栖居在始丰溪，正说明了始丰溪溪流生境的丰富、水质的良好以及食物的充足。生活在溪流中的鱼儿也在不停地游弋中串联起溪水的各个部分与段落。

始丰溪是一条外流河，汩汩不息的流水向东奔流，在滩岭下湾村出境入临海市，于三江村与永安溪汇合后称灵江，灵江与永宁江汇合后称椒江，然后入海。在天台县的始丰溪中生活的鳗鲡，在成年后会顺着流水穿行至近海深处繁殖、产卵；而香鱼恰恰相反，它们会从大海中来到溪流诞育下后代。流动的始丰溪就如一条循环往复的传送带，传送的是生命的周而复始，是生命的共生共长。

穿越在山海之间

狭长的溪流就像是一条传输带，为想要旅行或返乡的游子搭建起山与海间的通道。许多鱼类不是终生都生活在一个环境中的，它们会在一生中的某个时期，或者一年中的某个时间段，聚集成群地沿着一定的方向进行长距离的迁徙，这便是鱼类的洄游。在始丰溪中，也生活着各种各样的洄游鱼类。

洄游可以分为降海洄游和溯河洄游。

降海洄游

降海洄游是指生活在淡水中的鱼类，沿着河道不断向下游游去，最终奔向大海，在大海中繁殖。始丰溪中的鳗鲡便是降海洄游鱼类。

在遥远的古代，无论在中国还是西方，鳗鲡都曾是一种神秘的物种。《埤雅》中记载："(鳗鲡)有雄无雌，以影漫鳢而生子。"由此可知，当时的人们认为鳗鲡是靠将身体的影子映射在另一种鱼身上而繁衍后代的。亚里士多德曾说："鳗

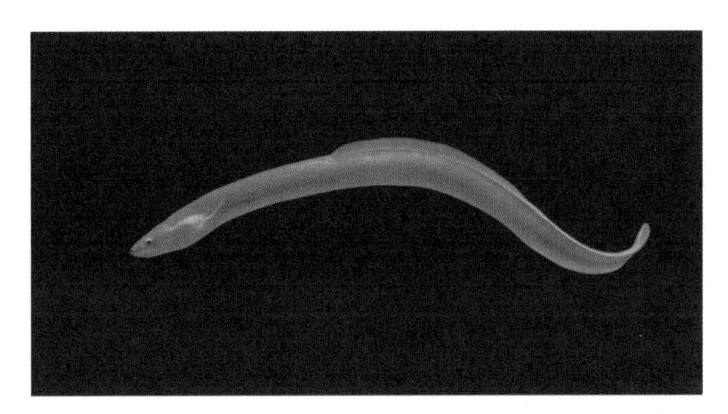

神秘的鳗鲡

鲡是由地内生出的，是一种自然发生。”当时的人们之所以对鳗鲡有这些误解，很重要的一个原因便是：无论在哪个季节，他们从来没有在河川中的鳗鲡身体中发现鱼子。

这到底是怎么回事呢？人们随着对事物认知的不断深入，终于拨开了真相前的迷雾：鳗鲡的繁殖是要经过遥远的旅途、深入大海进行的。鳗鲡的产卵场位于马里亚纳群岛西侧、北赤道流北侧边缘的海域。我们的古人，当然只能靠想象去理解鳗鲡是如何延续它的种群了。

在溪川中生活了好几年并逐渐接近性成熟的鳗鲡，会在夏末至秋天的时候开始以大海为目的地的降海洄游。别小看它潮湿而光溜溜的

鳗鲡变变变

鳗鲡的繁衍在一定时期内成为一个谜团，其中一个重要的原因便是它在生长周期中体形的变化真的很大。

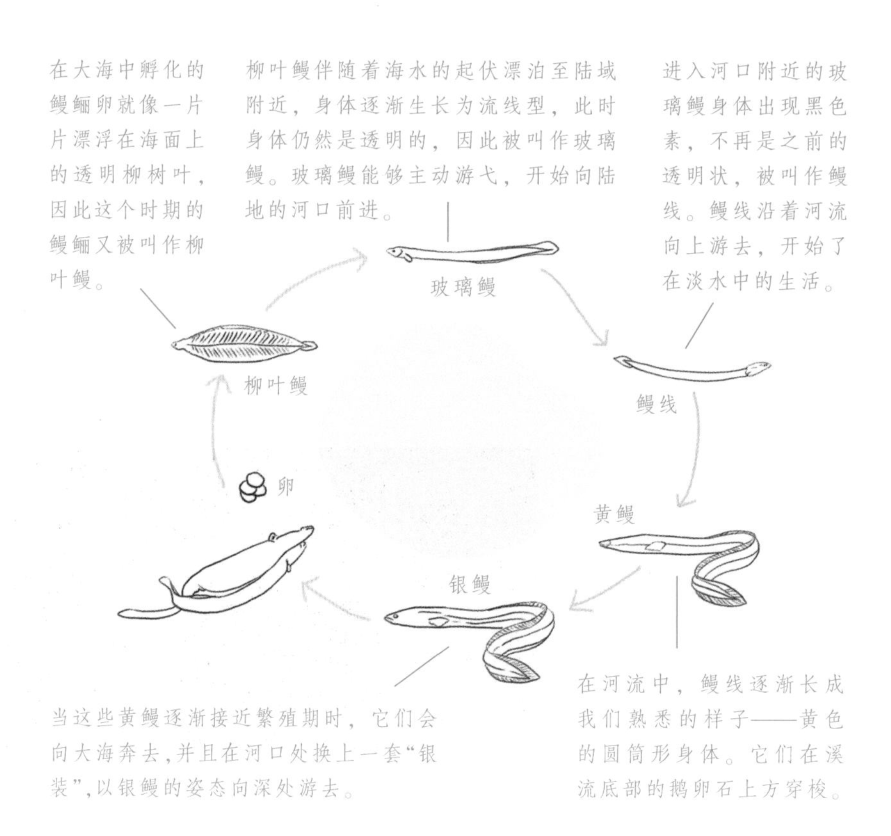

黄色圆筒形身体，这种特殊的身体构造将会为遥远而艰辛的旅程提供最大程度的帮助。

从溪川到大海，并没有那么容易。它们往往昼伏夜出，趁着黑夜赶路。圆筒形的身体能顺利地通过静水、急流、草丛、石隙等各种环境，有时候也许还要借助光滑的身体表面滑过草地或沼泽——别担心，鳗鲡可以借助皮肤来呼吸，只要皮肤能够保持湿润，它们就可以离开水域生活一段时间。而这样漫长而艰辛的里程，还需要充足的食物补给：它们不仅捕食小鱼、虾蟹、水中的昆虫和底栖动物，还会吃高等动物的尸体。当经过漫长的游弋终于抵达河口，鳗鲡的眼睛会慢慢变大，全身会变黑，而性腺也会迅速发育。从中上游来的雌鳗在此与雄鳗汇合，一起在蓝色的海洋中继续前行，去它们出生的地方。

鳗鲡在黑暗、平静、高压的深海中交配、产卵，亲鱼在完成生命的繁衍后便会死去。初春，在大海中孵化的小鳗鲡将会沿着父母来时的路途，进入河口、河川，开启生命的新轮回。

溯河洄游

溯河洄游是指生活在海中的鱼类，通过河口，沿着河道上溯，游到淡水中繁殖。始丰溪中的香鱼便是溯河洄游鱼类。

香鱼是温水性鱼类，最适宜生活在15~25℃的水域中，而当它们渐渐长大，每天需要的光照时间会缩短，对水温的需求也会降低。缩短光照时长、水温降到20℃以下，是香鱼的卵巢迅速发育的重要条件。而鱼子的孵化，也要求水温不能高于20℃，否则仔鱼可能出现畸形。

每年的春天，体长四五厘米的香鱼一批又一批地从沿海地区向河流上游涌来，一天可以游动20千米以上。洄游过程中，它们甚至能跨越相当大的障碍，只为了向上游奔去。如果上游没有冷水，香鱼的上溯可以接近到河流的发源地。香鱼进入育肥并产卵的河川必须是地势陡峻、水流湍急、深度不大、水流有声、水温适宜、水质清澈、河床为石砾底质、附生藻类多、没有泥沙附着的通海河流。

进入淡水水域后，香鱼以刮食岩石上的硅藻、蓝藻等植物性食物为主，同时也吃昆虫类和浮游动物。香鱼生长得比较快，生命周期短，一岁多性成熟产卵后便会死去。

当秋天在河川中产下的鱼卵孵出，幼鱼又会循着上一辈的旅途成群结队地奔向大海，在平静的海洋沿岸越冬。

有香味的鱼

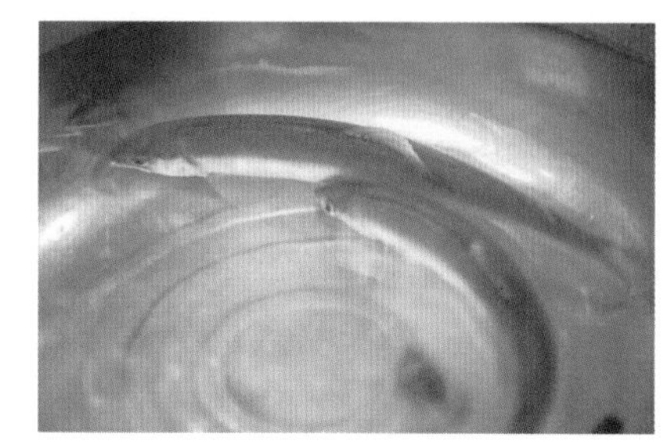

香鱼 *Plecoglossus altivelis*

香鱼是东亚特产的中小型淡水鱼。它的背脊上有一条充满香脂的腔道，会散发出特殊的香味，故而得名。

它们喜欢生活在山溪清流中，早在北宋时期，章望之的《雁荡山记》就有对香鱼的记载，而明代嘉靖年间的朱谏更是对其生活史和溯河洄游作了详细的描写。

自我国古代起便被视为珍馐的香鱼，今天其野外种群的生存状态却不容乐观。伴随着香鱼产卵育肥的上游河段的森林遭遇大量砍伐和水土流失、洄游通道被河坝和水库阻断、溪川被工业污染或生活垃圾污染等，香鱼生存和繁衍的溪川环境被严重破坏。

除了降海洄游和溯河洄游，定居于相对静水环境中的草鱼、青鱼、鲢、鳙等，也会在繁殖的季节一起逆水洄游到干流适合产卵的地方诞育下后代。直到今天，虽然我们了解到一些鱼类具有洄游的行为，也认识到洄游大多与繁殖、觅食、越冬等有关，但是，为了更准确、深入地阐述鱼类的洄游行为，科学家们仍然在研究之中。

特定鱼类的洄游就像是其生命必须遵循的某种使命，尽管一些河道由于人类的活动变得不那么连贯了，它们仍然锲而不舍地溯河或降海，许多鱼类也在洄游的过程中由于不可抗力结束了生命。这也提醒着我们，在实施有关河流生态系统的工程或行为时，一定要充分考虑依赖这条溪流生存的鱼类的生活习性。这是我们共同赖以生存的河流啊！

伍

溪滩生物相

暖眠鸂鶒晴滩草，高挂猕猴暮涧松。
曾约共游今独去，赤城西面水溶溶。

——《送郭秀才游天台并序》［唐］许浑

绿翅鸭

水涨起来，水落下去

受地理气候条件的影响，天台县有着漫长的雨季。每年 3 月开始，县域逐步进入春雨期、梅雨期、台风雷雨期（见下表）；10 月到次年 2 月，雨水则相对较少。伴随着雨水的到来和渐去，河漫滩

天台的雨季与降水

雨季	时间	平均降水量(毫米)	占全年降水量百分比(%)
春雨期	3~5 月	390.5	28.1
梅雨期	6 月	225.7	16.2
台风雷雨期	7~9 月	501.5	36

河漫滩上的水鸟

也经历着水涨水落，而湿地中各种各样的生命便在这一涨一落间轮番“光顾”。

蒙蒙的细雨飘飘洒洒，春天来了，清冽的溪水从山涧滚下，汇聚于始丰溪，缓缓地漫上滩地，唤醒沉睡的生命。翻开堆积的石块，便有一只小螃蟹迅速地“横行”出来，一溜烟就跑远了。此时，小草冒出土壤，新芽探出树枝，鱼儿在水中游弋，水禽拍打着翅膀。日子一天天过去，阳光越来越温暖，蛰伏的昆虫爬上了叶间、探进了花朵。春天的始丰溪，是轻快跳跃的、活泼泼的、喜滋滋的，带着对万物复苏的喜悦，充满对万物生长的期待。

当湿地翠青的“新装”逐渐变换为深绿的色彩，当溪水渐长、草木葱茏，当杨梅爬上浙东山丘的枝头，始丰溪的水继续向溪岸蔓延。这时，溪滩上裸露的枫杨树根已经被涨起来的碧水淹没了。

梅雨刚刚结束，就要准备迎接台风和雷雨的到来。溪水继续向上爬去，鱼儿不安地探出水面以补充氧气。对于生活在湿地的生灵万物和天台人来说，这是一段充满机遇和挑战的时间：洪水往往在这段时间出现。迅猛的水流从山间的支流汇聚向宽阔的大溪，漫上河岸，冲刷土地，穿越滩林。

始丰溪湿地和天台人对洪水都是又爱又恨。倾泻而下的急流裹挟着从上游山谷带来的碎石和泥沙，在经过滩林时沉积下来，拓展了溪岸的边界；河道中高涨的水位拓宽着水中生物游弋的空间——溪水爬过河滩、越过滩林，渗进原本与溪流相独立的湖泊、水井，也带来形形色色的植物、种子和鱼虾。水连结了溪流与湖泊、水井，原本生活在有限空间中的生命终于有机会来到外面看这个更广阔的世界，这里变化与美妙、风险并存。

有一天，当洪水退去，溪水退回到原来的位置，溪滩上留下来不及撤离的螺、蚌、鱼等，它们成为鸟儿们的自助餐食。不止这些，被洪水浸泡过的溪岸沉积下肥沃的土壤，成为让人青眼相加的耕地。

在始丰溪湿地，溪滩是多变、敏感、丰富的地方，同时，这里也蕴藏着最多的可能性。

一年一度一归来

无论是沿着溪流漫步，还是徜徉于滩林的绿意葱茏中，或者穿梭在溪岸村庄的阡陌小道上，总是不期而遇各种各样的清脆鸣啭。白鹭沿着溪流优雅地挥舞着翅膀，犹如醉情表演的舞者；斑嘴鸭蹲憩在芦竹丛旁，悉心梳理着新羽；强脚树莺藏身于箬竹叶间，时不时发出悠长的鸣叫；大山雀轻灵地从这棵香樟树上飞入那片溪椤树林，迅速地在枝叶间逮到一只美味的小虫；白头鹎集群跃过天空，留给过客一顶顶雪白的“小帽子”；这时，戴着“面具”的红头长尾山雀落在了你面前的枝丫上！

湿地丰富多样的水、植物，以及各种各样的鱼、虾、贝、螺、蠕虫等，就像是为了吸引鸟儿的到来做好了各种准备，而鸟儿们对于这样舒适的环境当然不会拒绝。无论是习惯静静地在溪流中保持优雅的

水禽，还是乐于在滩林或灌丛间蹦跶来或扑腾去的林鸟，又或者是盘旋在湿地上空的猛禽，都为始丰溪湿地的生机与丰饶而停留。在这里，生活着100多种鸟儿，其中大部分是全年常住的居民；有一些，则是

鸟儿是旅行家

溪滩上的水鸟

每年水鸟迁徙所经过的区域被称为“迁飞区”，全球共有九大水鸟迁飞区，天台县境内属于东亚–澳大利西亚迁飞区。

东亚–澳大利西亚鸟类迁徙通道主要经过浙江省沿海地区，天台县属于丘陵山区，加上天台盆地南北的山脉形成了两道自然的屏障，阻碍了鸟类的迁徙。因此，天台县不是迁徙候鸟的主要目的地，但始丰溪湿地独特的环境仍然吸引着喜欢溪流生境的鸟儿，于是我们得以在四季与各种候鸟们相遇。

黑翅长脚鹬

一年一度一归来的迁徙者，千万年来恪守着未经契约的允诺，翻山越岭，会聚于此。

春夏的客人

每年的春天或夏季，家燕、金腰燕、噪鹃、发冠卷尾等便会来到始丰溪湿地筑巢安家、繁衍后代。小鸟学会飞行、能够独立生活后，会在秋天与父母一同离开。它们，是始丰溪湿地的夏候鸟。

在这些夏候鸟中，与人类关系最密切的莫过于燕子——当然包括家燕和金腰燕！

当大地感受到生命的萌动、第一缕和暖的春风吹起之时，成群结队的燕子就从南方飞来了。遥远的旅途、莫测的天气、未知的意外，长距离的迁徙总是充满着各种困难与艰险，先行到达始丰溪畔村庄的往往是雄燕。

《诗经·国风·邶风·燕燕》中写道："燕燕于飞，颉之颃之。"短短几个字，将燕子一会儿向上、一会儿俯冲的飞翔姿态描述得栩栩如生。它们穿梭在村庄中，这里瞅瞅，那里瞧瞧，找寻热情好客的"房东"。一旦选定地点，燕子们便紧锣密鼓地开始搜集泥土、稻草、草根等材料开始筑巢。杜甫的诗句"泥融飞燕子"，指的便是春暖花开、泥土融软之时，燕子衔着泥土在房檐下筑巢的景象。当然，也有一些燕子会"偷个懒"，直接使用房檐下去年的旧巢。燕子们将在这里度过一段美妙的时光。

在我国，燕子是吉祥的象征。如果谁家的房檐下，甚至屋内有燕子筑巢、育雏，会被认为其家庭和睦而美好。燕子也没有"白住"，停留在此的一只燕子春夏期间能够吃掉几十万只昆虫，这可是为农田、耕地帮了大忙！大概也正因为这种互利友好的关系，燕子一代又一代、绵延多少年地与人类友好相处下来。

坐落于始丰溪北侧、龙山前的安科村，曾经被叫作燕窠村，正是家家户户堂前都有燕子筑巢的缘故。我们从其中也可见天台人对燕巢的熟悉和喜欢。

你看那天空中展翅的剪影，燕子们正在炫技般地翻腾旋转、乘着细风滑翔呢！

燕子来了

金腰燕 *Cecropis daurica*

橙色的腰部是金腰燕的显著特征。它们的颊和耳羽也是橙色的。再细细观察它们喉部白色的羽毛，还间杂着一条条的细纹呢！金腰燕喜欢与人类做邻居，它们把巢安置在民居的房檐下。

家燕 *Hirundo rustica*

家燕有着长长的像剪刀一样的尾叉，身披蓝黑色的“外套”，胸、腹是灰白色的，额头、靠近喙的位置及喉部都是栗红色。家燕喜欢在房檐下筑巢，我们常常能在村庄中见到它们。

崖沙燕 *Riparia riparia*

崖沙燕穿着深灰褐色的“外套”，颏、喉和腹部以下是白色的羽毛，胸部深褐色的横带像戴着围脖。崖沙燕常成群出现在溪滩、堤岸上，又或者在溪流上低空快速飞行。它们在较陡的岸边悬崖上营巢。

烟腹毛脚燕 *Delichon dasypus*

烟腹毛脚燕背部和翅膀是深色的，腹部是白色的。仔细观察！它背部的羽毛是有光泽的深蓝色，而两翼是黑色或深褐色的。烟腹毛脚燕常成群在悬崖的凹陷处或陡峭的岩壁石隙间营巢。

秋冬的旅者

深秋时节，伴随着深绿的树叶渐渐变黄，寒凉的秋风吹起，一队又一队的冬候鸟向南飞来。当始丰溪宽阔的溪滩、丰茂的芦竹丛、茂密的滩林出现在队列下方时，它们知道，就是这里了。鸳鸯、绿头鸭、绿翅鸭等是始丰溪湿地冬季的固定旅客。早早地，湿地已经为它们准备好了供其栖息、繁衍的一切。

在众多赶来始丰溪湿地越冬的候鸟中，古往今来的天台人最为熟悉的大概就是鸳鸯了。在我国，鸳鸯夏季在东北部江河一带的山地水域繁殖，如长白山地区；到了秋季，它们飞到长江中下游及东南各省份的山地、河谷、溪流越冬。

溪岸边栖息的鸳鸯

秋末时节，天台县的雨季渐渐结束，河道中的流水慢慢退去，斑驳的河漫滩显露出来，洲渚上摇曳的芦竹向即将到来的鸳鸯发出了信号：嘿，老朋友，丰盛的自助餐已经准备好了，还不赶紧过来！鸳鸯常常和绿翅鸭结伴而来，它们在溪滩上觅食、嬉戏，好不快活。

一年一度的相聚与相守，就像是冬候鸟与湿地心照不宣的约定，一年两年，十年百年，甚至千年。唐代诗人许浑在《送郭秀才游天台并序》中的诗句“暖眠鸂鶒晴滩草”描述的大概就是在溪流边休憩的鸳鸯与滩地草丛交相映照的景象，好不惬意。

在中国的文化中，因为鸳鸯常常成双结对地出现而被作为恩爱夫妻和永恒爱情的象征。在对“鸳鸯”的称呼中，“鸳”是雄鸟，“鸯”即雌鸟。无论是在古代诗词中，还是木雕石刻中，又或者书画作品中，鸳鸯的形象都深深地烙印在文人墨客和寻常百姓的生活中。它与许许多多其他的花花草草一起装点着我们的生活，丰富着我们的情感。正是因为这多样生灵的相伴，让我们的山水更加生动，让我们的情感有了更多寄托，让我们对于生活有了更多想象。

鸳鸯真漂亮

鸳鸯 *Aix galericulata*

鸳鸯又叫溪鹕。雄鸟的羽毛色彩丰富而艳丽，眼后有宽阔的白色眉纹，最特别的是它最后一枚三级飞羽特化为身体两侧的帆状饰羽。雌鸟呈灰褐色，眼后有白色眼纹。鸳鸯常成群活动在清澈的河流与湖泊等水域，喜欢栖息在高大的阔叶树上，常在树洞中营巢。

奏起生命的乐章

水涨水落间的始丰溪不仅是鱼儿和水鸟的欢乐地，还聚集着丰富多彩的生命。其中，最热闹、最惹人注意的，莫过于奏响夏日序曲的青蛙。

每到炎热的夏天，始丰溪畔、山溪间、田野里总会传来阵阵的“呱呱”声。人们常常说：“青蛙叫了，夏天来了！”可是，如果你竖起耳朵仔细分辨，兴许会发出惊叹：“不止一种叫声哦！”没错，在湿地鸣唱的可不止一种蛙哟！

七八月的始丰溪处于丰水期，山间的支流络绎不绝地往前赶趟儿，干流更是毫不吝啬地滋润着溪岸与洲渚。湍急的溪水拍打着两岸的石壁、溪滩的鹅卵石，湿地中一派生机勃勃的景象。

在溪流中或溪岸边的石头上，常常“隐身”着一种小小的蛙类，它的颜色和石头很接近，如果不是循着声音找去，真的很难发现。这

天台粗皮蛙

小小的天台粗皮蛙成体也只有四五厘米长。正如它的名字所言，它的背部、腹部皮肤都很粗糙，并且布满了大小不等的疣粒。浅黄褐色背部点缀着黑色的斑点，四肢有青色的宽横纹，腹部则是浅黄色。它常常栖息在溪岸边：白天藏在岸边的石间缝隙、泥土下，夜晚在附近捕食昆虫。

天台粗皮蛙
Glandirana tientaiensis

便是天台粗皮蛙。

天台粗皮蛙是一种中国特有的蛙类，是始丰溪的明星物种。它们常常栖息在山区的溪流附近，并且对生活环境的要求非常高：首先，必须流水清澈、水流湍急；其次，在溪流两岸还得有茂密的植被。始丰溪湿地正是它们最中意的家园，我们总能在湿地公园与它们邂逅。但是可不要误会，在其他地方可不是那么容易见到它！对环境挑剔的天台粗皮蛙只在浙江和安徽有分布，而模式标本则出自天台，难怪它

好厉害的蛙

斑腿泛树蛙

Polypedates megacephalus

斑腿泛树蛙足趾末端发达的吸盘能够附着在树上，身体的颜色常常伴随着栖息环境的改变而变化：一般背面是浅棕色，在光线强烈又干燥的环境下会呈现出浅粉棕色或浅黄棕色，在黑暗的地方则变为深棕色。

弹琴蛙

Nidirana adenopleura

弹琴蛙虽然并不是真的会弹琴，但雄蛙的叫声很特别。接连发出的“登、登、登”的声音，清脆动听，好像琴键上奏出的音符。

黑斑侧褶蛙

Pelophylax nigromaculatus

黑斑侧褶蛙善于跳跃和游泳，一旦受惊能连续跳跃多次，然后扎入水中，迅速潜至深水处或钻进淤泥中，又或者隐藏在密集的水生植物间。

会以“天台”命名呢。

除了天台粗皮蛙，在始丰溪还生活着虎纹蛙、黑斑侧褶蛙、饰纹姬蛙、泽陆蛙、斑腿泛树蛙等10多种蛙类。各种各样的蛙类能够如此愉快地奏起属于夏天的协奏曲，想必它们的生活条件很优渥吧——毕竟吃饱喝足才有心情开展娱乐活动呀！在始丰溪湿地，大大小小的昆虫成为蛙类们享受的美食。而多样的蛙类资源，也成了湿地另一类居民——蛇的食物。

泽陆蛙是消灭害虫的小能手。每只泽陆蛙平均每天可以吞食约50只虫子，甚至有吞食过266只浮尘子的记录！如果每亩农田有800~1500只泽陆蛙，那么一年就可以消灭5万~6万只农田害虫！

泽陆蛙
Fejervarya multistriata

中国雨蛙趾端的吸盘让它们轻易地在枝叶、树干间跃来跳去，一动不动的中国雨蛙全身的绿色和树叶、草丛融为一体，有利于隐藏自己。

中国雨蛙
Hyla chinensis

镇海林蛙生活在靠近海滨的丘陵至海拔1800米的山区。它们平时栖息在林木、灌丛和杂草等植被繁茂的潮湿环境中，繁殖期聚集在丘陵、山边的水坑、水沟、雨后积潭等静水域附近。

镇海林蛙
Rana zhenhaiensis

在自然界中，每一种生物都是必不可少的；每一种生命的稳定生存与繁衍，都关系着与之相关的生态系统的稳定。青蛙曾经是我们夏天生活中常见的小动物，却因为人类的捕捉和城市发展对其栖息地的破坏，数量急剧下降。今天，见到青蛙已经成为惊喜与犒赏，而青蛙的减少，使得蚊虫减少了天敌，也减少了蛇等生物的食物来源。仅仅从这一个小小的局部，我们便能感受到一个物种对生态系统稳定的重要性。让我们更深入地去认识湿地，懂得对每一种生命都保持尊重之心。

溪流边的食物网

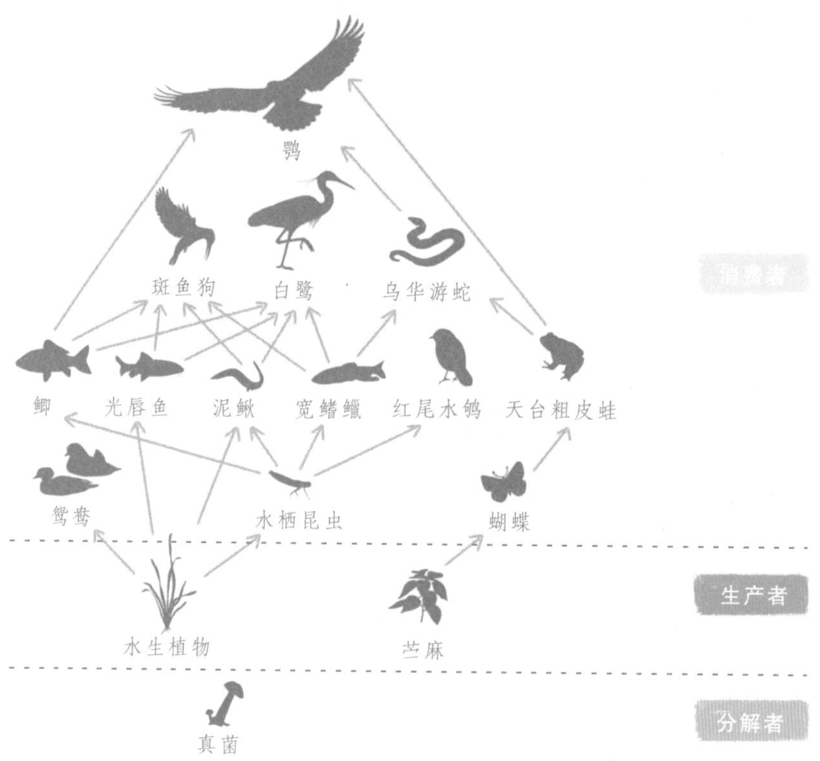

食物网是指生态系统中生物间错综复杂的网状食物关系。

在始丰溪的水流边，生存着各种藻类与植物，它们是各种底栖生物、鱼类、水鸟的食物。各种鱼虾也成为水鸟或蛇鼠的食物，而猛禽鹗既捕食鱼，也会吃蛙或蛇。要指出的是，食物网中的各种生物可能以多种食物为生，甚至还会互为彼此的食物。

复杂的食物网是使生态系统保持稳定的重要条件。食物网越复杂，生态系统抵抗外力干扰的能力就越强；食物网越简单，生态系统就越容易发生波动和毁灭。

陆

滩林的守望

孤舟路渐赊，时见碧桃花。
溪雨滩声急，岩风树势斜。
——《宿东横山濑》［唐］杜牧

滩林的守望

溪流的守护者

始丰溪湿地由流动的溪流与两岸的滩林构成。漫步在湿地公园，我们或与一棵棵溪岸的大树擦肩而过，或面水背林闲谈畅聊，又或者穿梭于葱郁的密林。紧紧依偎着蜿蜒的水带，郁郁葱葱的树木就像严肃的守卫，有序地伫立在溪流边，守护着溪岸。

这些守护者，有华盖森然的原生樟树林，有蜿蜒伸展的溪椤树，也有庄严挺立的马尾松林，还有秀雅沁脾的幽幽青竹。放眼望去，它们是那么平常地伫立在溪流两侧。但只要我们把匆匆的脚步放缓，便能在树林间探知到一个偌大的神秘世界。让我们一起去始丰溪边的滩林走一走吧！

从始丰湖北岸月桥旁的入口，可以进入湿地公园中最靠近县城的一片基本保持原生自然状态的针阔混交林。这里的大树以马尾松、溪椤树和樟树为主，偶然也能遇见朴树、桑树、女贞、榔榆、构树等。参天的大树你争我夺地分割着蓝色的天空，只为了获得更多的光照。茂密的树叶将林子整个遮蔽起来，加上一旁始丰溪水的渗透与蒸腾，我们整个身体都能感受到滩林中空气的湿度。行走在郁闭的绿色中，仿佛水汽就要渗透进皮肤，沁爽又怡然。

在郁郁葱葱的大树底下，是一大片一大片交织缠绕的高粱泡，它们就好像有一颗要把整片滩林占满的野心般，不断蔓延。当然，其他的植物也不会示弱，蓬蘽、野蔷薇、水竹、小果蔷薇等都能在其中开辟出自己的一方空间。求米草、牛膝、翠云草、井栏边草等则已经在地面铺开。在如此丰饶又隐藏着激烈竞争的滩林中，攀爬无疑是一项让人

樟

枫杨

马尾松

守护溪流的滩林

艳羡的技能。海金沙、络石、鸡矢藤、乌蔹莓等就是能顺着灌丛或树木向上攀缘的能手。

也许，细心的你已经发现了林子中匍匐在树干上的绿色：密密麻麻“贴”在树皮上的苔藓、一簇一簇紧抓树干的蕨类——它们是有着独特生活方式的附生植物。与大部分植物不同的是，附生植物的一生或者大部分时期都依附在其他宿主上而不与地面的土壤接触；同时，它们依靠自身进行光合作用来获取养分，并不从宿主身上摄取。可以说，在这片滩林中，附生植物和大树向我们展示了一种和睦而友好的共生关系。而丰富的附生植物，也向来访的人们昭示这片滩林的健康。

在溪岸的滩林中，原来生长着这么多各具特色、形态丰富的植物，它们不仅具有纷呈的形态、发挥着不同的作用，在各自精彩之外，彼此还蕴藏着千丝万缕的联系。得益于丰沛的降水、潮湿的空气以及频繁的云雾，喜欢溪流边湿润环境的植物们安居下来；得益于高大乔木给予的阴凉遮蔽，喜阴的灌木尽情生长；得益于粗糙的树皮承接尘土与种子，附生植物在半空萌生……

槲蕨

圆盖阴石蕨

滩林丰富多样的植物更是为各种各样的小动物们提供了栖息的家园，它们共同构成了滩林的生态系统。受到溪流润泽的滩林也用它的方式回馈着溪流：储存水分、输送养分、过滤溪水……

溪岸边的滩林，不仅仅是一棵又一棵大树，也不仅仅是溪流堤岸的守护者，还是这条溪流以及依赖这条溪流生存的生命是守护者。

溪岸的溪椤树

在始丰溪湿地，无论是溪岸的茂密滩林，还是岸边的狭长小道，或者村庄的某个角落，都有可能遇见它的身影：溪椤树。溪椤树是天台人对它的称呼，它还有一个更为人所熟知的名字——枫杨。对，就是那种常常出现在溪涧河滩边的枫杨。既然我们在这里是在讲述始丰溪的故事，那么还是沿用本地人对它的称呼——溪椤树吧。

溪椤树是我国亚热带地区的乡土树种，它常常作为护坡树木出现在浙江低山丘陵的河川溪流附近。

山区河道的河岸，土壤大多是砂砾土，土层薄、肥力低、保水能力差，本来是极不利于植物生长的，溪椤树强大的根系却在此驻扎下来。溪椤树通过吸收和蒸腾消耗着河岸和消落带土壤的水分，降低了土壤间孔隙所承受的来自溪水的压力，增加了土壤颗粒间的接触程度，增强了土壤对变形和滑动应力的抵抗能力，提高了土壤的强度。植物的蒸腾作用还减轻了土壤的重量，从而减少了土壤导致土体滑动的剪切分力，有利于山区河道滑坡面的稳定。

作为溪岸的守护者，溪椤树的根系及部分树干能承受数月的溪水淹没。哪怕凶猛的山洪来临，它们也总是牢固地伫立在原地。

来到始丰溪边的时候，请尝试停下脚步，静静地观察身边的溪椤树吧，感受它们是如何守护我们的溪岸的。

种子的旅行

每当春天的花期过去，茂密的溪椤树上就会挂上一串又一串翠绿色的果实——长椭圆形的果实，还带着一对小翅膀。果实在八九月成熟，然后伴随着轻风与重力的作用从枝头缓缓旋转着落下，或乘风而去，或掉在溪岸，又或者乘上流水向下游漂去。

溪椤树的种子很轻，拎起来就像拾了一片叶子，难怪它能够借力于清风和水流远行。在旅行的能力之外，这颗种子体内还蕴藏着一种抑制发芽的物质，这给予它们充足的时间去寻找合适的栖居地。当环境刚好的时候，生机盎然的“绿色”自然会破土而出。秋天开始旅行的它，如果顺利，就会在第二年的春天以新芽的姿态向这个初次见面的世界招手。

它来自侏罗纪

消落带上的溪椤树

你能想象得到吗？早在侏罗纪中期，溪椤树就几乎完成了它在漫长历史中的演化。今天我们看到的溪椤树，也许正是它1亿多年前的模样。它以这样的姿态经历了间歇火山的喷发和严酷的干旱气候，一直到现在。这是一棵多么强大的树啊！

适应溪流而生长

初生的溪椤树苗生长很慢，像是在小心翼翼地探知新世界。三四年后，在经历了一次又一次的水涨水落、雁来鹭往后，溪椤树深固的根系已经牢牢抓住了土壤，树干和枝叶都开始疯狂地生长和蔓延。在合适的条件下，一棵10龄的溪椤树可以长到26米！

但是，始丰溪边的溪椤树没有那么高大。即便饱经溪流和雨水的冲刷，即使经历了一次又一次山洪的来袭和冲击，在斑驳的树干和遒劲的树枝之外，它呈现出来的，仍然是与这一带碧水相映衬的秀丽之美。这份秀美藏在一丛又一丛散开的侧枝间。

始丰溪边的溪椤树，主干的分岔点比较低，并且不是那么粗壮。远远看去，更像是一丛丛茂密的灌木，可爱而秀润。可是，为什么它生出这样的形态呢？

原来，植物树枝的分叉也是与它所生长的环境紧紧联系在一起的。它们对环境的感知是那么敏锐，知道怎样适应复杂多变的

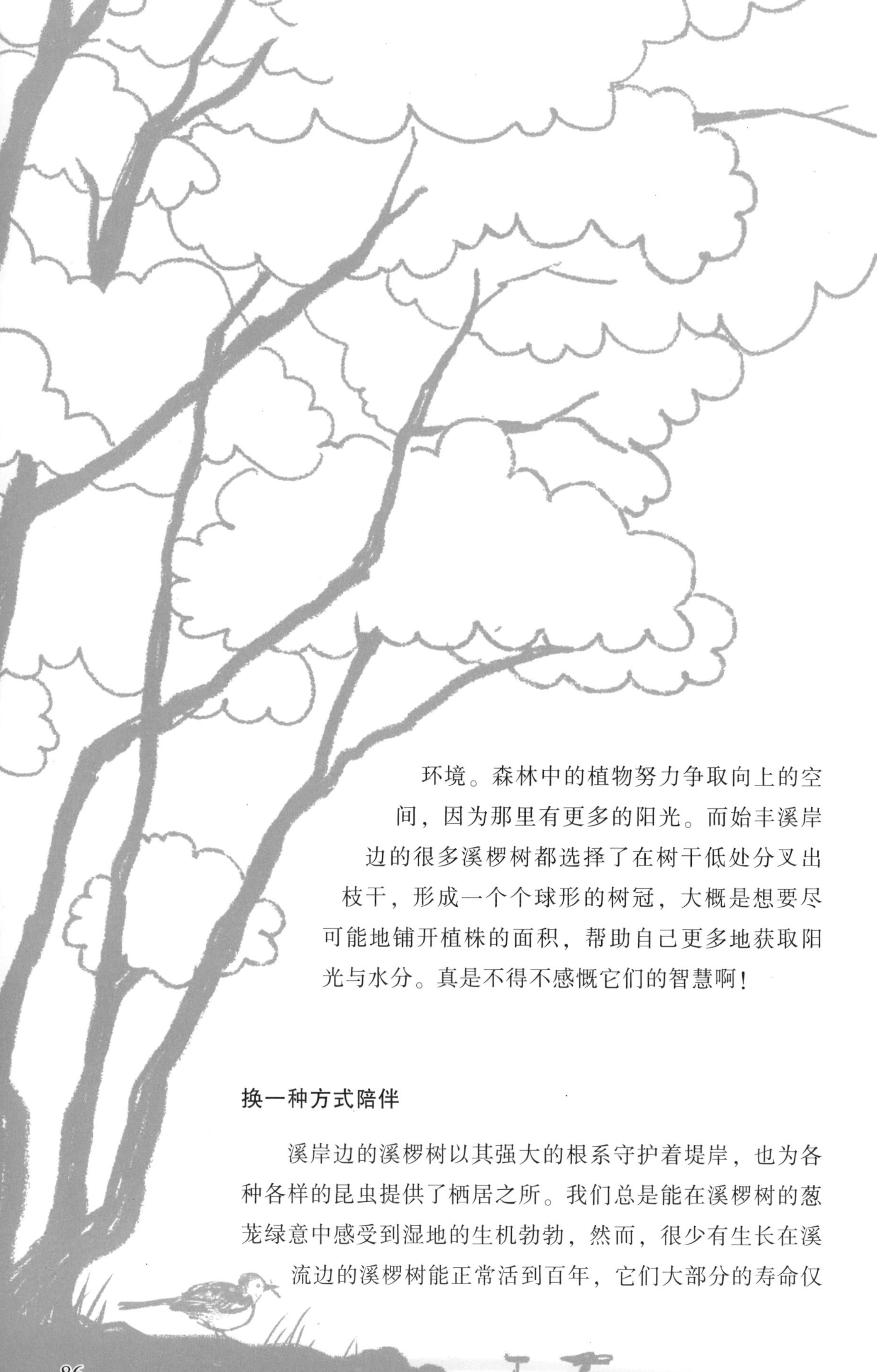

环境。森林中的植物努力争取向上的空间，因为那里有更多的阳光。而始丰溪岸边的很多溪椤树都选择了在树干低处分叉出枝干，形成一个个球形的树冠，大概是想要尽可能地铺开植株的面积，帮助自己更多地获取阳光与水分。真是不得不感慨它们的智慧啊！

换一种方式陪伴

溪岸边的溪椤树以其强大的根系守护着堤岸，也为各种各样的昆虫提供了栖居之所。我们总是能在溪椤树的葱茏绿意中感受到湿地的生机勃勃，然而，很少有生长在溪流边的溪椤树能正常活到百年，它们大部分的寿命仅仅三四十年。溪椤树是速成的树种，长得快，老化得也快，再加上身处水涨水落又不定期受洪水侵袭的溪流边，生命的终结随时可能到来。

从小在溪流边玩耍长大的人们当然会惋惜溪椤树生命的终结，但是对于树木本身来说，它与溪流的相守并没有结束：它还会陪伴始丰溪很长一段时间。

无论是自然衰老，还是被洪水冲击倒塌，倒在溪流中的大树逐渐被分解，为溪流供给有机碎屑与养分；而它偌大的体积，拦截着流水中物质的搬运，这些泥沙或其他物质或在此沉积，或减缓步伐，日积月累，改变着附近的生境。更重要的是，大型倒木本身就为水生生物提供了更多样的栖息环境。对于生活在始丰溪湿地的生灵来说，枯朽的溪椤树就像是大自然的馈赠，这是一个可以探索的新环境！

溪椤树，不仅仅是在始丰溪湿地随处可见，在你没有想到的其他地方，它仍然陪伴着这条溪流，陪伴着我们。

倒木的溪流小史

倒木

沿着始丰溪从鼻下许新村往安科新村步行，会见到以各种姿态横卧于水中的枯木，它们或在时间中愈合伤口后长出了新枝，或在树木的生命结束后以另一种形式延续湿地的生机。它们都是在2019 年被“利奇马”推倒或刮来的。

2019 年 8 月，超强台风“利奇马”肆虐台州，天台县也深受强风和暴雨的影响，水位暴涨，树木被连根拔起，山洪泥浆将道路堵住。多少房屋被浸泡，多少农田被淹没，多少果园被摧残。当那些灾难的影响伴随着时间被人们修复，这些倒木仍然作为记录者提醒着我们天台县的过往。

林中的居民

错落分布在溪流两岸的树林，既守护着溪岸、分流着洪水，也为湿地的居民们提供了食物和栖居的环境。

每年的春天，新绿伴随着溪水的漫溢爬出了土壤，蛰虫苏醒过来，白鹡鸰活泼地跳跃在溪滩上，从泥土中啄起一条小虫。这时候，活泼

在滩林发现鸟

大山雀
Parus minor

大山雀头部两侧有非常明显的大白斑，背部是灰色还带着一些果绿色。以昆虫为主食的大山雀是消灭害虫的小能手：体形轻巧又灵活的它既能在树干上缓行，又能倒悬在树枝上寻找蛀虫，还能扒桩凿洞，甚至可以在飞行中捕捉虫子！

红头长尾山雀
Aegithalos concinnus

红头长尾山雀成鸟的体长也只有10厘米左右，额部、头顶、后颈是棕色的，最显著的特征是黑色的过眼纹像给自己戴了一张神秘的面具。红头长尾山雀性格活泼，喜欢结群，常常和其他种类的小鸟混群穿梭于树木间，以昆虫为主食。

白头鹎
Pycnonotus sinensis

白头鹎，鸟如其名，最显著的特征是头顶那一撮洁白的羽毛，又被称为白头翁。白头鹎喜欢在树林灌木丛间活动，常常成群出现在枝头。它们既喜欢啄食各类野果，也会叨啄各种昆虫。

的林间居民们已经穿梭在茂密的枝叶间，伴着春天的讯息奏起生命的赞歌。

在始丰溪湿地的滩林间，总是有一群又一群可爱的“小精灵”们等待着与人们不期而遇：两颊印着偌大椭圆形白斑的大山雀、戴着“黑色面具”的红头长尾山雀、架上“白框眼镜”的灰眶雀鹛……它们总是成群地飞到这里，叽叽喳喳一会儿，又跳跃到那个枝头，啁啁啾啾，好不热闹。

这儿既有可爱的“小精灵”们，也有沉着稳重的鹎科“大佬”：头戴白绒帽的歌唱者白头鹎、身着棕色披肩的栗背短脚鹎以及一身华丽绿长袍的绿翅短脚鹎。它们是滩林的常驻民，只要稍稍留意，就能在树枝间与之邂逅。

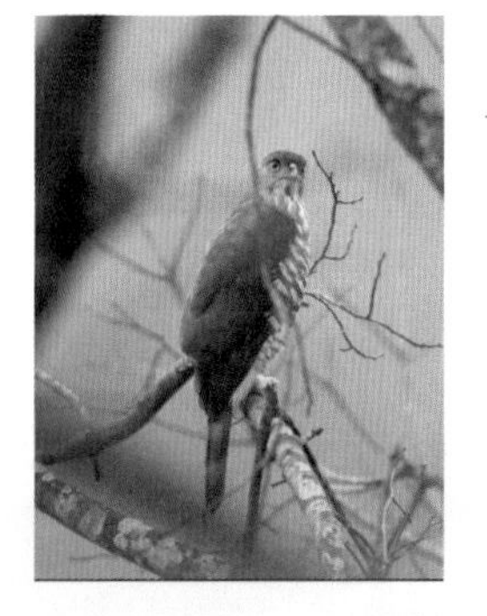

凤头鹰

Accipiter trivirgatus

凤头鹰是整体呈褐色的中型猛禽，前额、头部、后颈及羽冠呈黑灰色，喉部白色且有明显的黑色喉中线，胸、腹部色浅且有比较粗的棕色斑纹。凤头鹰常常安静地伫立在茂密的树冠中，因为身体的颜色和树干很接近，因此如果不是很熟悉，很难发现它们的踪影。作为始丰溪湿地中的“顶级猎手”，各种蛙类、蜥蜴、昆虫，甚至鸟类和小型哺乳动物等都是它们的食物。

栗背短脚鹎

Hemixos castanonotus

栗背短脚鹎背部是显著的红栗色，头上则顶着浓密的黑色羽冠。栗背短脚鹎喜欢栖息在低山树林或山村附近的树丛，性情活泼的它们一般集群活动。它们主要以树木的果实、种子、花等为食，也会吃昆虫。

绿翅短脚鹎

Ixos mcclellandii

绿翅短脚鹎身体呈现显著的橄榄绿色，头顶红褐色，颏部、喉部白色或灰白色，胸部棕褐色具白色纵纹。绿翅短脚鹎常成群出现于始丰溪边的树林中，在树冠或林下的灌木上跳跃、飞翔，非常热闹。它们以野生植物的果实与种子为食，也吃昆虫。

鸟儿们是各种昆虫的克星，丰富的食物、隐蔽的环境对于生活在滩林的林鸟来说，简直太美好了。但这里是大自然啊，翱翔在滩林上空的猛禽常常让这些林鸟们成群地望风而逃。

快来这儿看看有哪些天空王者会来巡视吧。最常见的当然是红隼，它的体形不大，但飞行速度极快，最高时速可以达到每小时 222 千米，特别擅长在空中振翅悬停观察并且伺机捕捉猎物。相比较而言，凤头鹰则喜欢停栖在视野开阔的茂密树枝间，静静地等候猎物的出现。抬头留意你身边高大的树冠，也许就有一只凤头鹰藏在那里！而赤腹鹰则喜欢在晴天享受蜥蜴大餐。

大部分生活在林子里的鸟儿生性活泼，加上滩林枝繁叶茂，我们总是先听到它们的声音或动静，才觉知到“哦，原来它们在这里”。因此，想要观察到这些林间的居民们，还真要好好做功课，积累更多的知识！

溪岸人家

溪边送别意徘徊，水自东流花自开。
愿作峰头云一片，朝朝暮暮去还来。

——《惆怅溪》［明］陈继畴

安科新村

以溪之名，傍水而居

溪口陈村、溪口王村、湿溪村、水南村、溪边村……分布在始丰溪河谷平原上的村庄，把与这条溪流的联系直接印刻在村庄的名字里。

天台县从建县开始，一直位于天台山南麓、始丰溪北岸，古城北窄南宽，呈不规则的三角形，俗称“琵琶城”。流经城西的赭溪和城南的始丰溪成为古城的两道天然屏障；同时，北高南低的地势也便于排除洪涝的威胁。

浙东地区丘陵起伏，山路难行，而始丰溪充沛的水量为行船提供了便利。在古代，通过行船，可以从天台县直达台州府。在这条溪流宽阔的水面上，行船往来是一道独特的风景。沿溪的码头接待着往来的商旅行船，送走了一批又一批匆匆的旅客。人们将山货运出，又带来大米和各种日常用品。

生活在河谷平原的天台居民大多按宗族聚居，一个村一种姓或几种姓，如水南村多为许姓，灵溪村为奚姓，玉湖洪村则以洪姓为主。天台人素以乐善、俭勤、淳朴著称，当然，强悍重义更是一个突出的特点。作家许杰就在小说《惨雾》中对天台人的性格进行了形象的刻画：生活在始丰溪畔的居民，争田械斗乃是家常便饭。

始丰溪古代就因为常常洪水泛滥而被称为“恶溪”。每当水患过去，溪流两岸留下肥沃的土壤，就像是为此行带来的麻烦感到抱歉而进行的补偿。在物资并不丰富的从前，土地就是粮食，粮食就是生命，人们当然要为了生命而战斗。人们占地而田，难免为了争夺土地而争执、打斗，终于约定好边界的位置。而每一次的洪水到来，都是对既定规则的一次洗牌。因此，我们常常能感受到，在有周期性的洪水泛滥的地区，民风往往很剽悍，且同一个家族会抱团聚居在一起，宗族势力根深蒂固。

溪畔的生活孕育着剽悍的民风，丰富的动植物也给予了两岸居民快乐无忧的童年和诗情画意的寄托。

天台人将藏身在溪岸草丛间的蟋蟀叫“油奏”。盛夏到来的时候，就是溪流边最热闹的时候，人们在夏末秋初的月夜来到溪流边的沙滩捕捉蟋蟀。捕到以后养在陶罐、盒桶或铜火笼里，下面铺一层黄沙，埋上盛水的小盂，用米饭、豆芽甚至蟹肉喂养。合笼格斗时，用兽毛制的添草驱拨引逗，二蟋冲扑腾啮，围观者随之拍手称快或摇头叹息。

“打油奏”是天台的一项传统民俗，渗透在孩子与成年人的茶余饭后。世界上第一部有关蟋蟀的昆虫学专著《促织经》便出自南宋天台籍丞相贾似道之手。而天台人陈景沂则成就了宋代花谱类著作《全芳备祖》，《全芳备祖》被著名学者吴德铎先生首誉为“世界最早的植物学辞典”。

天台人便这样以溪之名傍水而居。溪流孕育了生命，带来了生机，滋养了天台人的生活。

“打油奏”去

属于天台孩子的童年

常见油奏之双斑大蟋

蟋蟀的成虫生性孤僻，通常一穴一虫，直到成熟发情期雄虫才会与雌蟋蟀在一起。因此，在这之前，如果两只雄虫在同一个洞穴相遇，必会打斗。这便是“打油奏”的生物学基础。

每年的大暑至中秋，正是天台人“打油奏”的时节。“打油奏”包括“捉油奏”“养油奏”“打油奏”“放油奏”四个环节。有时候，天台的蟋蟀爱好者们还会在中秋节组织斗蟋蟀换月饼的活动，俗称“斗月饼”。

民居中的在地情思

穿梭于始丰溪两侧的村庄，会偶然与一些老民居相遇，它们的侧墙大多由一块又一块石块堆砌而成，石墙间还镶嵌着图案或简洁或丰富的石质窗户。这些建筑，便是在不断变迁的天台历史中留下的印迹。今天的天台县，人们已经习惯了选择红砖与水泥作为建材。当回忆起曾经居住的石板房时，他们仍然不禁夸赞一番："石板房还是很好的，冬暖夏凉！"

从前，天台平原地区的民房多就地取材，山石、树木、泥土等都是建材来源。其中，石板墙民居是极有特色的。

石板，就是凝灰岩，是一种火山碎屑岩，分布于城关镇新民村、磨刀坑村，雷峰乡大地林村，街头镇后岸村，三合镇灵溪村、朗树村

天台石板墙民居

等地。人们将长形的石板拼接起来作为民居的外墙。为了采光和通风透气，又在上部雕凿漏窗——生动的图案便在规整的平面上呈现出来，为起居生活增添了新鲜的空气和别样的生机。

社会在变迁，民居的建材和风格也在变化，石窗却保留了下来。无论是砖砌房还是水泥房，有心的天台人总要给房子镶嵌上一扇扇图案丰富的石窗。人们通过借喻、谐音、象征等手法，将文字、花鸟虫鱼、飞禽走兽的形象刻画在石窗上，表达对生活的喜爱与对美好生活的祈愿。而儒家的三纲五常、忠孝节义，道家的天地同寿，佛教的善果恶报也在各种形象中表现得栩栩如生。其中，荷花与盒子共同表现的“和合”石窗，将天台人所倡导的和睦友善镶嵌进了日常起居，别具一番意味。

在天台石窗之外，石子铺地是传统民居中另一种饱含情趣的生活装饰。传统的天台民居多是四合院，院子里都有用鹅卵石精心排列的石子铺面。大大小小的鹅卵石形态各异、色彩不同，人们按色彩、大

溪边村的民居与石窗

小分类，用得最多的是淡黄色、淡红色、淡赭黄色和青黑色的石子。赭黄色通常用来铺底，然后用黑色石子在上面拼成各种各样的图案，如“五福进门”“麒麟送宝”、鹿、蝙蝠、铜钱等。现存天台城关“乌门头许”院子中的石子地面就排有“福禄寿”图，四面花边为祥云。

石子铺地不仅解决了雨天的泥地问题（雨水依然能渗透进土地，积水还能顺着鹅卵石间的缝隙流向周边，既美观，又方便），而且顾及了雨水与土地的连接，可谓一举多得。

人们在这里生活，时时受这里的地理、气候、动植物与历史环境的影响，这些影响又无时无刻不在生活中留下各种印记，并在人类社会的变迁中不断丰富与演变。

石窗里的天台

天台石窗俗称“石花窗”“石镂窗”“石漏窗”，在天台传统民居建筑中被广泛使用。石窗的制作采用线刻、浮雕、浅浮雕、圆雕等多种手法，丰富多样的题材来源于人们的生活，根植于儒、道、释三教合一的文化沃土，创造了栩栩如生的艺术形象。

步步锦纹

几何纹样是最常见、也是最古老的石窗纹样，主要有直棂纹、步步锦纹、风车纹、一根藤纹等。

柿蒂纹

植物纹样非常常见：有时候作为纹样的主体，有时候作为陪衬；既有写实表现的，也有抽象表达的。

"福"字纹

文字纹样直接表达了人们对生活的美好祈愿，使用得最多的是"卐""福""寿"等。

蟢子纹

动物纹样主要为龙、凤、蝙蝠、狮子、蟢子（蜘蛛）、鹿、鹤等的抽象图形。

暗八仙纹

器物纹样主要为暗八仙纹、如意纹、古钱纹、盘长纹、宝瓶纹等。

太公钓鱼纹

人物纹样主要表现神话传说、民间故事、戏曲小说、历史人物故事等，由于雕刻复杂，往往代表了当时当地石窗雕刻的技艺水平。

因为有水，所以有桥

桥，水梁也。在远古时期，人们通过自然形成的各种介质跨越河流与峡谷，或是倒下的树木，或为石梁或石拱，又或者是在溪间堆积的大石块、大型的藤蔓植物根茎等。而在周代，我国已有史料记载的桥梁和浮桥。

始丰溪是天台县最大的溪流，各级支流就如毛细血管般在丘陵山地间渗透，在平原山地间，一座座大大小小、各式各样的桥将地域连

月桥

通、将行人连接。在湿地公园的上、中、下游，也出现了各具风貌的桥梁，它们记录着城市发展的印记、沉淀着天台历史的记忆、陪伴着溪岸人们的生活。

当前，最受天台人与外地访客瞩目的要数设计新颖、造型出挑的月桥。它如镶嵌在宽阔水面上的一弯明月，搭建起南北两岸居民的连接通道。行经月桥，或等待日出，或欣赏日落，又或者感受天台盆地的迷蒙晨雾，好不惬意。

从前，居住在始丰湖段南北岸的人们穿梭于溪流南北，只能乘车从始丰二桥往返。随着月桥在2021年正式通行，人们终于可以在城区段自由步行于溪流两岸。由于桥梁靠近城区，因此在造型上也就更加大胆。天台县政府希望通过月桥的建设，为来到溪岸休闲的人们提供更多便利，创造更多美好。

如果说，造型独特的月桥彰显了天台县在城市化过程中所呈现的现代感，那么，沉稳典雅的石桥则沉淀着天台深厚的历史与文化。

始丰湖段南岸的江心洲间架设着一座又一座古韵十足的桥梁：霞

江心洲间的石桥

客桥、太白桥、兴公桥、犨桥，它们是为了纪念古代诗人与天台县的情谊，也是为了传承先人积累的传统造桥技艺。这些桥梁，都特别邀请了天台县桥梁设计师夏祖照精心设计。

其中，霞客桥、太白桥、兴公桥用的石料都来源于天台后岸村的古岩宕，设计风格则吸收了杭嘉湖平原古桥元素，传承天台山传统造桥技艺。而空腹式三折边拱犨桥的桥型，已经有120多年没有建造过。犨桥设置了角石拱座，改变了斜撑与桥台间的受力情况，这样的桥型结构是目前全国所独有的。几座石桥，成就了古为今用造仿古桥的典范，也为天台传承传统造桥技艺提供了实例依据。

有的桥梁是点睛之笔，有的桥梁是历史积淀，而更多的桥梁则为日常所用。对于傍水而居的天台人来说，因为有水，所以有桥。天台人所熟悉的始丰二桥，30米宽的桥梁每天要承担居民在南北岸间的来来往往；天台人的记忆中更少不了文溪大桥、双莲大桥、前山大桥……

桥，是溪岸生活的日常，是通向前方的路，也是留在始丰溪两岸人们心底的记忆与情感。

开展主题为“我的湿地 我的桥”的科普宣教活动

石桥有故事

霞客桥

徐霞客三次来到天台山，游迹遍及天台名胜古迹。《徐霞客游记》卷首的《游天台山日记》文情并茂地记录了天台胜景；霞客古道串起天台山的山水画卷，承载着天台山的历史文化。以“霞客”命名此桥，旨在缅怀大旅行家徐霞客。

太白桥

李白一生数次游览天台山，寄情天台山水，与天台山结下了不解之缘。首登天台山即挥毫写下旷世诗作《天台晓望》；后重游天台，上桐柏，游琼台，入茶圃，渡石桥，纵情高歌一首《琼台》。此桥即为了纪念为天台留下文化印记的诗仙“太白”。

兴公桥

东晋孙绰任章安（今临海市）令时，寻幽探险至天台山，作《游天台山赋》。赋中云“天台山者，盖山岳之神秀者也”“赤城霞起而建标，瀑布飞流以界道”。天台山因一赋而扬名，吸引了后世众多文人墨客接踵而来。人们谨以此桥来追念作赋天台山的文学大家孙绰。

犇桥

犇(jiàn)，意为“斜着支撑”。犇桥，是对斜撑受力桥梁的一种比较形象的叫法。天台当地人叫“八字桥”，学术上叫“三折边拱”。这座犇桥采用天然花岗岩打造，全长 26.56 米。犇桥的建成，标志着消失了 120 多年的古桥建造技艺在天台县“重生”。

捌

川流不息

人烟间傍垂杨宿，渔火遥从隔岸明。
更喜酒帘犹未卷，歌声缭绕杂砧声。

——《台岳天台山游记》［清］齐周华

流淌不息的溪水

生命之源

天台县位于浙江省东部的丘陵山区，西北方是大盘山，东北面绵延的是天台山脉，南部则是大雷山山脉。三面环山的天台县中，海拔500米以上的低、中山和海拔500米以下的丘陵占总面积的78.3%，河谷平原占总面积的21.7%，其中，水域和耕地分别占总面积的5.2%和12.7%，因此有“八山半水分半田”之说。淡水资源如此稀缺，却哺育了如此丰富多样的动植物、养育了聪明能干的天台居民，更凸显这“半水”的珍贵与可人。

生态屏障

天台县的地表水资源主要以溪流的形式蜿蜒、渗透在山峦与盆地间，属于山区性河流。它们源短流急，匆匆地经过一处又一处沟壑与谷地。

这些大大小小的溪流分属于椒江、曹娥江、白溪、清溪、海游港五个水系。贯穿天台盆地的始丰溪属于椒江水系，是天台县境内最大的溪流，其 40 多条支流流经天台县境内 1111.54 平方千米的土地。要知道，天台县的总面积为 1432.09 平方千米，这意味着县域内超过 75%的土地都属于始丰溪流域范围，逐水而居的动植物和人类在溪流附近定居下来，倚赖着溪流生存与生活。

流水滋养着土地，孕育着绿色的生命，昆虫、鱼儿、鸟儿，以及各种各样的两栖动物、爬行动物、哺乳动物等活跃于溪流和两岸。在天台县的土地上，已经记录到的野生动物超 1600 种、野生高等植物超 1400 种。各种各样的野生动植物得益于溪流的水源供给，它们则以纷繁多姿的生命形态丰富着这片土地奇妙的生物世界。

野生动植物有它们利用水资源的独特技巧，人类当然也自有其妙招。为了方便灌溉农田和日常用水，天台人很早就开始筑碶（堰坝）引水。每年的春天，始丰溪的水便逐渐充沛起来，这恰恰也是农田翻耕和灌溉的时节。对溪水的利用情况，直接影响着人们当年的收成。

不仅仅是筑碶引水，人们的日常生活、溪流带来的食物，以及丰水期为航运提供的便利，都深深地影响着天台人的生活。可以毫不夸张地说：是始丰溪的水，哺育了一代又一代的天台人！始丰溪，是天台的母亲河啊！

然而，你知道吗，始丰溪的价值远远不止于对天台县，它的河流属性、所处的位置，以及所孕育的动植物们，让它成为台州乃至长江三角洲地区的生态屏障。

水，是连通的

始丰溪是椒江上游的北干流，永不停歇的溪水勾连了山川和大海，连系起湿地与生命。始丰溪的水，是连通的。

水，是连通的。水系的上游为下游带来水源补给，也带来岩石与泥沙。而如果上游洪水泛滥、污染横行，且得不到有效的管理，下游自然无法安宁。早在 20 世纪 90 年代，临海居民就切切实实地感受到了天台县城的来水水质对下游河流生态的影响。水系的上下游、干支流，是在共饮一江水啊！

水，是连通的。河流连通了内陆与大海，搭建起了生命穿梭的通道。无论是到海里去，还是去溪流中，降海或溯河的鱼儿“沟通”着山海，也将漫漫旅程中的事物连接起来，织起一张由始丰溪连结的生命之网。

我们与始丰溪

水是生命之源，溪水孕育了湿地丰富多彩的动植物，也为生活在溪流两岸的我们提供了生产生活所需要的用水。

日常生活中的水井

从前，我们大多直接饮用从水井中打起来的水。在城区与村庄中仍然可以看到诸多已经不再使用的水井。

原自来水厂附近

由于现在的水大多受到污染，为了身体的健康，我们请自来水厂帮忙对水进行一定处理后再饮用。

水，是连通的。水源与湿地，让在世界各地旅行的鸟儿会聚一堂，原本看上去各不相干的地域、水系，因为水与鸟儿的关系，有了一种特别的连接。这种连接，也将各个水源地、湿地上的生命连接在一起。

始丰溪的水，实在是太重要、太神奇了！

作为生命之源，始丰溪不是一个孤立的点或面，它是不断延伸、运动的曲线：它流动，它连接，它循环往复……

张思村泉湖硃

筑硃（堰坝）引水是天台古老的农田水利灌溉设施。最早的硃沟可能是天台人开始从事农耕时便有了，后来随着农业生产力的发展，逐步形成规模较大的硃沟堰坝。

里石门水库

里石门水库是 1978 年建成的天台县最大的水库，位于龙溪乡里石门村上游 1 千米处的始丰溪上，主要功能是防洪、灌溉、发电、供水等。它保护着始丰溪两岸的农田、村镇和城关镇 30 万人口以及 104 国道的安全。

污水处理厂

有一些工厂排出的污水含有的污染物总量太大或浓度太高，必须经过人工强化处理后才能够排放。处理这些超标污水的场所便是污水处理厂。

溪流的怒与伤

始丰溪滋养了沿岸的生命，是天台的母亲河。从这样亲切的称谓与描述中，我们能感受到天台人对这条溪流深厚的感情与深沉的感激。然而，这样的情感也经历了漫长而曲折的变化：始丰溪曾一度被叫作“恶溪”。

愤怒的大溪

始丰溪干流和南北两岸的支流都源于陡峭的山地，源短流急的溪

历史照片中的始丰溪

水在干流汇聚得仓促而迅猛，一旦水量过大，便容易造成干流河道内的水量骤增。当水量超过河道的承载能力时，便会泛滥于两岸和下游地区。加上天台山地气温变化比较大，容易发生局部暴雨，这更使得洪水猛涨猛落。

对大自然来说，河流的水涨水落、泛滥河岸与恣意流淌原本是多么正常甚至美妙的事情。亿万年来，多少绚烂生命的孕育与生长都离不开洪水的作用。然而，人类在溪流附近的定居改变了对这些事情的定义。人们往往会认为，对自己有好处的事情就是好的，对自己造成伤害或损失的事情就是不好的。洪水泛滥会冲毁农田与房屋，对人类来说，常常洪水泛滥的始丰溪当然是“恶溪”！

然而，人们为什么要傍水而居呢？明明是人类在向溪流予取予求啊！溪流两岸的树木砍伐、农田开垦、溪岸工程等活动影响了自然状态下的河流行洪，始丰溪在洪水泛滥时期的面孔在人类活动的衬托下显得更加凶猛。

宋代以来，历史上有太多始丰溪洪水泛滥的记录：村庄垮塌，百姓溺亡，农田尽毁；洪水冲毁了

洪水来了[1]

宋

- 公元 1045 年，大水，溺死万余人。
- 公元 1229 年，大雨不止，沿溪居民尽为水漂，一二十里（1 里=500 米）烟火断绝。

明

- 公元 1384 年，大风雨，山洪暴发，沿溪居民多被冲溺。
- 1529 年，经旬大雨，平地水深旬丈（1 丈=10/3 米），民居冲漂，通衢以竹筏济渡。
- 公元 1625 年，烈风暴雨，田禾尽拔，民采蕨充食。

清

- 公元 1656 年，大水，近溪居民尽淹，水满房梁，漂没人畜无算。
- 公元 1668 年，猛风烈雨，连旬不息，田庐冲没。
- 公元 1911 年，大水，城南近溪，水涨入屋。

民国

- 公元 1922 年，午夜至晨，大雨如注，连续三昼夜不绝，平地水深数尺，加之狂风大作，所有灾赈食料，冲没摧折者无算，田地桥梁倒塌，人畜漂没，所在皆有，城内积水丈余，交通断绝，千古未有之奇灾。
- 公元 1949 年，水南村三港口、风车手两处防洪堤决口，冲毁土地 200 亩，作物损失 1000 多亩。

……

① 资料来源于《天台县水利电力志》（《天台县水利电力志》编纂委员会，1997）。

农田与民居，带来了瘟疫；人们失去了住所与耕地，没有粮食，只能以树皮、蕨类等来充饥。

洪水，是自然现象；人类的定居，也是自然的一环。始丰溪和人类总要和睦相处。既然无法避免，那么就要想办法减小它对我们带来的伤害。据记载，20 世纪间曾有三次较大规模的始丰溪治理行动，成效最显著的第三次治理行动开始于 1977 年。

溪滩上人山人海，红旗招展，两个月就铲除了 8 个高墩沙石滩，挖通了溪床中心 40 米宽的主河道，水流从新河道内流过。人们继续修筑沙石大堤，在大堤种上保持水土的草和芦竹，并在危险地段修筑块石护砌。

天台县的“大水缸”——里石门水库也是在这个时期建设完成的。以防洪灌溉为主的里石门水库蓄水后，始丰溪上游 296 平方千米的来水得到调蓄，始丰溪水真正得到了有效控制，为下游的合理规划和治理奠定了基础。

被伤害的溪流

通过兴建防洪堤、兴修水库、清理水障等措施，天台县的洪涝和干旱问题得到了一定程度的缓解。然而，人们似乎在利用自然的过程中尝到了甜头，想要从大自然那里得到更多。始丰溪不仅有水，还有肥沃的土地、丰富的河沙、各种各样的水产风物……于是，在一次次地“占领”溪岸中、在一吨吨河沙的挖掘中、在一网网活蹦乱跳的鱼虾中，始丰溪不再是那条波光粼粼、生机勃勃的母亲河了，她病了。

影响溪流健康的因素众多，其一便是河沙的过度开采。始丰溪的机械采沙活动大约开始于 1994 年。早年的数据没有详细记载，而有记录的 2008 年，采沙量竟然达到 97.31 万立方米——要知道，始丰溪的年平均自然输沙量也只有 1.69 万立方米啊！如果靠河道的自然补给，仅仅想要恢复河道中这一年的采沙，也要花费 57 年。

河沙的过度开采，破坏了始丰溪的河床，使溪流的水文活动受到影响：河岸被侵蚀，水质变差，地下水位下降……当河床高度几乎触及原来修筑的河岸堤坝，一旦洪水来袭，天台县将面临严峻的考验；而地下水位下降使得沿岸村庄中的水井、水厂出现取水困难的现象，农田蓄水的能力也大大减弱……

采沙的这些年，正是天台县社会经济迅速发展的时期，沿岸的农业、养殖业、畜牧业等不断发展，随之而来的则是农药残余、牲畜粪便、生活垃圾等对溪流的污染。流动的溪流原本具有一定的自净能力，但是在这样的多重夹击下，现在的始丰溪已不堪重负，如果仅仅靠其自我修复，需要耗费很长的时间。居住在溪畔安科村的裘先生曾经是养猪大户，虽然通过经营养殖场改善了家里的经济条件，但看着这条从小伴着自己长大的母亲河逐渐变得污浊、脏乱，心里依然很不是滋味。

生活在这里的人们感受到了溪流的变化，意识到保护始丰溪已经刻不容缓。伴随着浙江省“五水共治”大背景下的决心与行动，天台县实施了禁止采沙、关闭养殖场、转移菜市场等措施，加强了溪流保

始丰溪胜景

护的宣传工作，倡导“共建、共管、共享”机制，还组织沿岸村民到省内各地美丽乡村、休闲旅游特色村观摩学习，希望通过共同努力，探索出一条既能保护溪流生态，又能提高溪岸村民生活水平的道路。

经过多年的努力，那条记忆中宽阔而清澈的始丰溪又回来了。明丽的阳光洒向水面，溪水闪烁着粼粼波光，饱含生机与希望。在灵秀的溪流风光的加持下，如今的溪岸游人如梭。沿线许多村庄的采沙户、养殖户纷纷转产开办农家乐，既守住了溪流，也守护着在溪流边生活的家人。

始丰溪的变化，印刻在每一个天台人的眼里、心里。人们在切身的经历中，积累着与溪流相处的经验。恢复生态的始丰溪还在 2019 年被授予“长江经济带美丽河流”，这对于天台人来说无疑是极大的鼓舞。

一条自然的河流、一条自由流淌的河流、一条健康的河流，除了我们的双眼所看到的那流动的碧水，还有它那坚硬或柔软的河床，有生长在水底或岸边的植物，有生活在整个河流生态系统中的动物，有依赖这条河流生存的各种动植物过客，以及人……

相伴始丰溪

天台县与始丰溪相伴了一千多年。这条溪流，曾经是“大溪”，也被叫作“恶溪”，今天被尊为“母亲河”。称谓的变化中包含人们对溪流认识的变化，人们渐渐理解溪流本来的样子，因此，在思考如何与溪流和睦相处的时候，也更加懂得“原真”的意义。

进入21世纪，始丰溪迎来了新时期的治理。在溪流的治理、湿地公园的建设等相关工程启动之初，天台县政府便邀请了专家来始丰溪考察并给予意见，其中，上海市政工程设计研究总院（集团）有限公司的专家特别强调：尽最大可能保留公园内的原生景观。这一原则深深地影响了之后始丰溪周边工程的走向。

生机勃勃的滩林

今天，溪流两岸的茂密又生机勃勃的滩林成为始丰溪湿地的亮点，也是天台人茶余饭后休闲的胜地。这份美好是在每一个细微处用心涓滴而成的。

溪流两岸的滩林经历了50多年的天然生长，形成了稳定的乔木层–灌木层–地被层结构。滩林的湿度大，在茂密树冠的荫蔽下，苔藓爬上了树干，蕨类茁壮成长。而这片滩林，不仅是独立的绿色树林，它还是溪流水循环的重要一环，是溪椤树（枫杨）、马尾松、香樟以及画眉、松鼠等各种各样动植物的家园。既要考虑天台人的现实需求，又必须重视动植物邻居们的生存体验，滩林中为此架起了木栈道。

木栈道凌空60厘米搭建，在不影响滩林中地面小动物迁徙的基础上满足居民的游憩需求。而当道路或设施的位置与原生树木重合时，当然是由新添置的设施让路。因此，在湿地公园漫步时，如果你稍稍留心，便会发现那些特别绕树而行的道路和设施。

在湿地公园北部的滩林中，有一棵50多年的朴树，因为正好分叉为三个大粗枝干而被唤作“三姐妹”。2015年10月，玉龙路旁要修建涵洞排水沟，原设计路线刚好穿过这棵树所在的位置——这是要给“三姐妹”搬家吗？项目组就此讨论起来。指挥部很快了解了相关情况，果断将排水涵洞向东移动了10米，确保“三姐妹”安栖。

湿地公园的“三姐妹”

守护溪流的生态护岸

传统护岸主要从航运、泄洪、固岸等功能出发设计，往往忽略了河流的生态效应。当人们意识到河流是一个完整的生态系统后，生态护岸便出现了！

什么是生态护岸呢？生态护岸是指利用植物根系深入土壤，或植物与传统护岸工程相结合，对河道岸坡进行防护，具有抗冲刷、恢复河岸带植被、增加河流净化能力、营造一定景观效果等多重作用的一种河道护岸形式。在湿地公园中有各种形式的生态护岸。

自然生态护岸

从湿润的溪滩到干燥的溪岸，各种各样的植物稳稳地占据领地，守护溪流沿线；又或者是由出露的基岩来直接守护。在自然状态保持得比较好的河段，遵循“按故道治河”的治理原则，尽量保持原河岸自然状态，避免人为干扰对自然生境的破坏和对野生动植物的影响。

雷诺护垫生态护岸

雷诺护垫生态护岸主要用于始丰溪下游。用经过防蚀处理的钢丝网填充鹅卵石或石块，既能承受水流的强烈冲刷，还能保持河流生态系统的物质流动，增强水体的自我净化能力，为水生动植物提供生存的空间。

格宾挡墙

格宾挡墙主要用于始丰溪下游。结构与作用和雷诺护垫生态护岸相似，雷诺护垫生态护岸为斜坡式，格宾挡墙生态护岸为直立式，两者常结合使用。

被特别照顾的不仅仅是岸上的动植物居民，水中的动植物邻居当然也要关照到。从前，涉及河道的护岸或护坡建设，大多都是干砌石或混凝土预制块等，这种方式虽然暂时稳住了堤岸，却阻断了溪流生态系统的水循环，同时，坚硬的块面堤岸“拒绝”了湿生植物的生长，大大减少了溪岸微生物、昆虫、小鱼虾等的栖息环境。溪流生态系统是一个整体，当其中的若干环被干预，平衡就会被打破。我们对溪流的治理，原本是为了还溪流以自然，与之更好地共生共处，因此在进行工程设计时，当然要从溪流本身的规律出发，对湿地公园的岸坡防护采用了“会呼吸的墙”——格宾挡墙。

格宾挡墙由六边形金属网内填充块石或卵石构成，0.5 米至 1 米厚的石笼挡墙能够承受猛烈的流水冲刷，因为水流和空气能够通过石块间的缝隙而被称为“会呼吸的墙”。这些石块与石块间的缝隙，是溪水中微生物和藻类的温床，也是为习惯在溪岸边的鹅卵石间躲藏的小型鱼、虾、蟹等准备的栖居所。

或许早期，甚至现在，我们对河流采取的措施更多的是满足于生产、生活的需求，减小洪水带来的负面影响：通过水资源的分配服务于生产活动，优化设施以提供城市休闲环境……这些目的都不同程度地达到了。溪流在永不止息地流淌，人类对环境的思考在不断深化，我们对河流的认知也在变化。在历史的长河中，傍河而居的我们在改变着河流，河流也在深刻地影响着我们。天台人与始丰溪，本是相生相依的整体。当我们在流淌不息的始丰溪岸边吟咏千年前的诗句时，所产生的正是生生不息的文明与自然相击的水花。

历史的长河仍然在向前滚动着，始丰溪的水也在不停地向前流动。河流啊河流，从来都不只是陪伴在我们身边的那一段流水：它从哪里来，又将流向哪里去；河水在哪里，就滋养着哪里的居民；河水流向哪里，就孕育着哪里的生命。

夕阳红

参考文献

曹志天，许尚枢. 天台山旅游文化丛书·天台山民俗风物[M]. 西安：西安地图出版社，2004.

陈海生. 浙江省山区河道护坡乔木枫杨耐淹性研究[J]. 温州农业科技，2012(2)：12–13.

陈翥. 打油奏：传承千年的趣味文化[EB/OL].（2013–09–18）[2022–07–13]. https://ttnews.zjol.com.cn/ttxw/system/2013/09/18/016965176.shtml.

陈文山. 岩石入门[M]. 台北：远流出版事业股份有限公司，2013.

董金海，祝茜. 鳗鲡属鱼类研究现状及存在的若干问题探讨[J]. 海洋科学，1993，17（6）：21–23.

董哲仁. 河流生态系统研究的理论框架[J]. 水利学报，2009，40(2)：129–137.

风雅天台. 珍贵的天台始丰溪老照片[EB/OL].（2017–04–20）[2022–07–13].https://mp.weixin.qq.com/s/uXVb–vG69_pLCT8DW4ysJw.

国家林业局华东林业调查规划设计院. 浙江天台始丰溪国家湿地公园总体规划[R]. 杭州：国家林业局华东林业调查规划设计院，2014.

国家林业局华东林业调查规划设计院，浙江省天台县林业特产局. 浙江省天台县湿地保护规划(2014–2020年)[R]. 杭州：国家林业局华东林业调查规划设计院，2015.

洪黎民，汪子春. 中国古籍中有关鳗鲡的记述 [J]. 中国科技史料，1990，11(3)：35–37.

黎璇. 山地河流生境的生态学研究——以重庆澎溪河为例[D/OL]. 重庆：重庆大学，2009.

李思忠. 鳗鲡的名称、习性及其他[J]. 生物学通报，1989(12)：10–11.

李思忠. 香鱼的名称、习性、分布及渔业前景[J]. 动物学杂志, 1988, 23(6): 3–6.

庞秉璋. 白头鹎的食性[J]. 动物学杂志, 1981, 16(4): 75–76.

阮宏宏, 谢家莹, 陶奎元. 浙江括苍山巨型环形火山构造及其地质意义[J]. 华东地质, 1993, 14(04): 1–11.

阮宏宏, 陶奎元, 徐忠连. 括苍山地区火山构造[J]. 中国地质科学院南京地质矿产研究所所刊, 1988, 9(02): 81–93.

隋艳晖. 蟋蟀鸣声及其行为研究[D/OL]. 泰安: 山东农业大学, 2003.

天台县自然资源和规划局, 浙江省工程勘察设计院集团有限公司. 天台县地质灾害防治"十四五"规划综合研究报告[R]. 杭州: 浙江省工程勘察设计院集团有限公司, 2021.

《天台县水利电力志》编纂委员会. 天台县水利电力志[M]. 北京: 当代中国出版社, 1997.

王宝龙, 徐君霞, 李明月, 等. 枫杨种子休眠与萌发特性研究[J]. 森林工程, 2018, 34(2): 11–15.

王先敏. 家燕生活史的初步报告[J]. 动物学报, 1959, 11(2): 138–144.

魏全伟, 谭利华, 王随继. 河流阶地的形成、演变及环境效应[J].地理科学进展, 2006, 25(3): 55–61.

徐有明, 邹明宏, 史玉虎, 等. 枫杨的生物学特性及其资源利用的研究进展[J]. 东北林业大学学报, 2002, 30(3): 42–48.

徐永恩. 天台石窗——中国民间艺术的奇葩 [M]. 于建超, 译. 北京: 外文出版社, 2018.

徐永恩. 唐风遗韵: 浙东唐诗之路目的地天台山史料辑存[M]. 北京: 中国文史出版社, 2021.

许尚枢, 徐永恩. 天台山旅游文化丛书·天台山游记选注[M]. 西安: 西安地图出版社, 2004.

张高澄, 等. 唐诗与天台山[M]. 北京: 社会科学文献出版社, 2021.

浙江农林大学园林设计院, 天台县林业特产局. 浙江天台始丰溪国家湿地公园详细规划(2016–2019) [R]. 杭州: 浙江农林大学园林设计院, 2016.

浙江省森林资源监测中心, 天台县自然资源和规划局, 天台县始丰溪国家湿地公园保护开发管理委员会. 天台县始丰溪国家湿地公园野生动物资源调查报告[R]. 杭州: 浙江省森林资源监测中心, 2019.

浙江省森林资源监测中心，天台县自然资源和规划局，天台县始丰溪国家湿地公园保护开发管理委员会. 天台县始丰溪国家湿地公园植物资源调查报告[R]. 杭州：浙江省森林资源监测中心，2019.

邹志方. 浙东唐诗之路[M]. 杭州：浙江古籍出版社，2019.

钟福生，陈冬平. 鸳鸯越冬生态的观察[J]. 动物学杂志，27(2)：27–28.

图片索引

30 页
峰峦起伏的天台山
范旭初

32 页
桐柏宫
天台县文化和广电旅游体育局

32 页
国清寺
吴若宁

33 页
松隐居
天台县人民政府始丰街道办事处

33 页
慈恩寺
天台县人民政府始丰街道办事处

35 页
琼台仙谷
陈凯伦

36 页
南烛
始丰溪国家湿地公园

36 页
云锦杜鹃
天台县文化和广电旅游体育局

37 页
天台山云雾茶
天台县文化和广电旅游体育局

48 页
碧绿的溪水
王子鸣

50 页
溪滩上的芦竹
郭燕青

51 页
芦竹
郭燕青

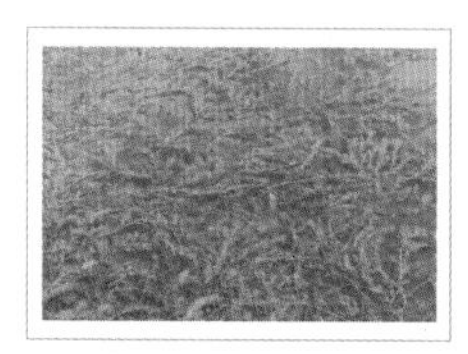

51 页
穗状狐尾藻
魏羚峰

51 页
野菱
始丰溪国家湿地公园

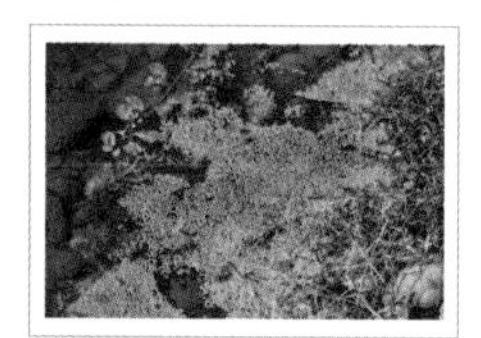

51 页
浮萍
郭燕青

54 页
光唇鱼
始丰溪国家湿地公园

54 页
浙江花鳅
始丰溪国家湿地公园

54 页
原缨口鳅
始丰溪国家湿地公园

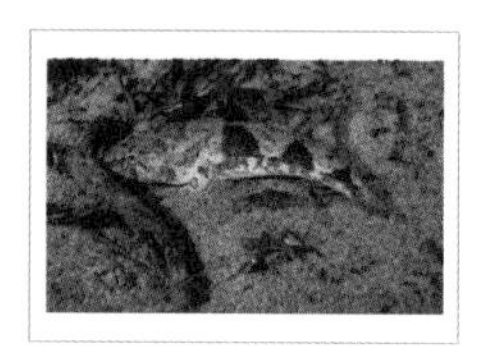

55 页
河川沙塘鳢
始丰溪国家湿地公园

55 页
黑吻虾虎鱼
始丰溪国家湿地公园

55 页
长鳍马口鱼
始丰溪国家湿地公园

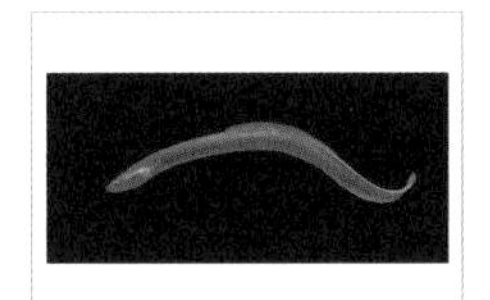
57 页
神秘的鳗鲡
始丰溪国家湿地公园

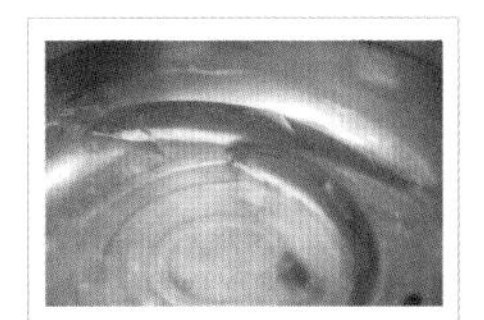
60 页
香鱼
徐胜

62 页
绿翅鸭
温超然

64 页
河漫滩上的水鸟
蒲川

66 页
黑翅长脚鹬
周北人

67 页
溪滩上的水鸟
肖连飞

69 页
金腰燕
始丰溪国家湿地公园

69 页
家燕
蒲川

69 页
崖沙燕
邢超超

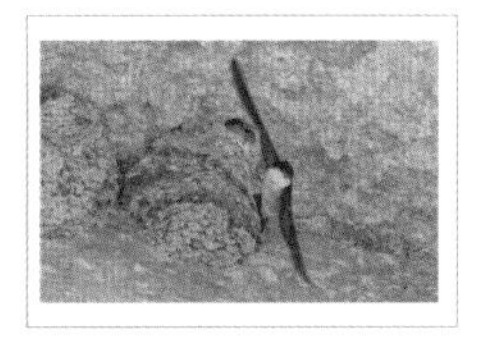
69 页
烟腹毛脚燕
始丰溪国家湿地公园

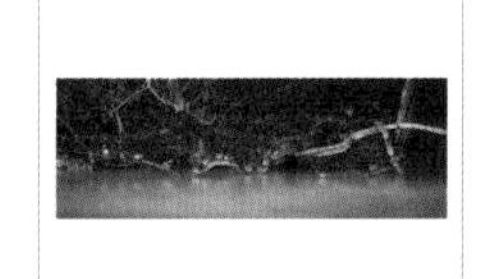
70 页
溪岸边栖息的鸳鸯
周北人

73 页
天台粗皮蛙
始丰溪国家湿地公园

74 页
斑腿泛树蛙
始丰溪国家湿地公园

74 页
弹琴蛙
王聿凡

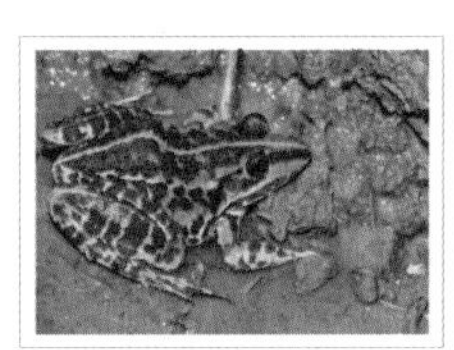
74 页
黑斑侧褶蛙
始丰溪国家湿地公园

75 页
泽陆蛙
始丰溪国家湿地公园

75 页
中国雨蛙
始丰溪国家湿地公园

75 页
镇海林蛙
王聿凡

78 页
滩林的守望
陈凯伦

81 页
樟
吴若宁

81 页
枫杨
始丰溪国家湿地公园

81 页
马尾松
郭燕青

81 页
守护溪流的滩林
吴若宁

82 页
槲蕨
何楚欣

82 页
圆盖阴石蕨
陈凯伦

84 页
消落带上的溪椤树
吴若宁

87 页
倒木
吴若宁

88 页
大山雀
徐敏

88 页
红头长尾山雀
蒲川

88 页
白头鹎
陈凯伦

89 页
栗背短脚鹎
蒲川

89 页
绿翅短脚鹎
始丰溪国家湿地公园

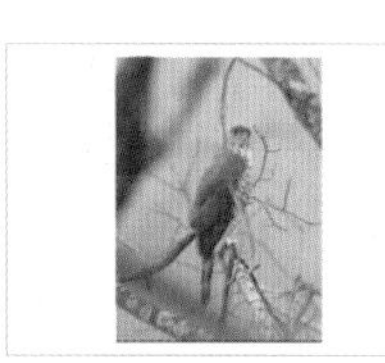

89 页
凤头鹰
始丰溪国家湿地公园

92 页
安科新村
始丰溪国家湿地公园

96 页
属于天台孩子的童年
始丰溪国家湿地公园

96 页
常见油葫之双斑大蟋
天台县文化和广电旅游体育局

97 页
天台石板墙民居
《人民日报》

98 页
溪边村的民居与石窗
杨丹丹

99 页
步步锦纹
陈凯伦

99页
柿蒂纹
陈晓雯

100 页
“福”字纹
陈晓雯

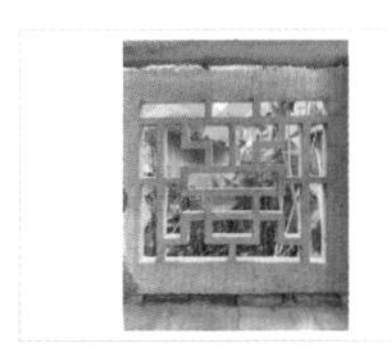

100 页
蟢子纹
陈晓雯

100页
暗八仙纹
陈晓雯

100页
太公钓鱼纹
吴若宁

101页
月桥
陈威磊

102页
江心洲间的石桥
张清秀

103 页
开展主题为“我的湿地 我的桥”的科普宣教活动
陆卫珍

104页
霞客桥
陈凯伦

104页
太白桥
吴若宁

104页
兴公桥
陈凯伦

104页
垟桥
始丰溪国家湿地公园

106 页
流淌不息的溪水
吴若宁

110 页
日常生活中的水井
陈凯伦

110 页
原自来水厂附近
吴若宁

111 页
张思村泉湖碲
陈凯伦

111 页
里石门水库
天台县里石门水库事务中心

111 页
污水处理厂
陈凯伦

112 页
历史照片中的始丰溪
公众号“风雅天台”

115 页
始丰溪胜景
许金斗

117 页
生机勃勃的滩林
潘天威

118 页
湿地公园的“三姐妹”
吴若宁

119 页
自然生态护岸
吴若宁

119 页
雷诺护垫生态护岸
始丰溪国家湿地公园

119 页
格宾挡墙
陈凯伦

121 页
夕阳红
孙铭浩

122 页
和合之城
许银炜

编后记

真高兴你能读完这本书，和我们一起探索始丰溪湿地的自然与人文！

“童眼看湿地”系列丛书中“探索”的湿地各具特色。始丰溪湿地位于浙江省天台县，以“和合文化”“佛宗道源”和浙东唐诗之路而独具一格。

如何在一本湿地探索手册中讲述与人类生活息息相关的河流故事，如何将丰富的人文资源自然而然地融入关于湿地的讲述，是非常大的挑战。因此，在图书策划之初，我们确定了以下几条编撰原则。

①从溪流、生物、人文三个方面呈现人与自然的和合共生。

②小知识既是对正文内容的深化，也可自成体系。

③对天台县的历代诗歌进行梳理，赋予始丰溪湿地更多文化内涵。

④行文务必通俗易懂，照片务必灵动优美，设计务必轻松连贯。

在这本书的编撰过程中，我们得到了天台县始丰溪国家湿地公园的全力支持与配合。始丰溪国家湿地公园开发保护中心对湿地科普宣传教育工作的重视，让这本书得以更好地呈现。感谢始丰溪国家湿地公园、天台县自然资源和规划局、天台县文化和广电旅游体育局等单位和专家提供珍贵图片，并惠允使用。感谢本书编撰团队每一位成员的努力，一再打磨这本书的细节。感谢图书编撰过程中相识并无私给予帮助的各位老师与朋友。最后，在这本书的编撰过程中，受益于诸多前辈专家的研究成果，在此一并感谢。

不知不觉，《和合溪水：始丰溪湿地探索手册》即将付梓。囿于各种各样的情况以及编者的能力有限，有些想法努力实现了，有些期待落于遗憾。我们抱着忐忑的心情，将这本书呈现在读者面前。

关于始丰溪湿地的故事，我们会一直讲述下去。敬请广大读者继续关注。

新生态工作室

2022 年 10 月 12 日